创新驱动农业农村现代化发展研究

○王绍芳　著

中国海洋大学出版社
·青岛·

图书在版编目(CIP)数据

创新驱动农业农村现代化发展研究 / 王绍芳著. — 青岛：中国海洋大学出版社,2019.9

ISBN 978-7-5670-2373-4

Ⅰ.①创⋯ Ⅱ.①王⋯ Ⅲ.①农业现代化—现代化建设—研究—中国②农村现代化—现代化建设—研究—中国 Ⅳ.①F320

中国版本图书馆 CIP 数据核字(2019)第 189209 号

出版发行	中国海洋大学出版社			
社　　址	青岛市香港东路 23 号		邮政编码	266071
出 版 人	杨立敏			
网　　址	http://pub.ouc.edu.cn			
电子信箱	coupljz@126.com			
订购电话	0532-82032573(传真)			
责任编辑	王积庆		电　　话	0532-85902495
印　　制	北京虎彩文化传播有限公司			
版　　次	2019 年 9 月第 1 版			
印　　次	2019 年 9 月第 1 次印刷			
成品尺寸	155 mm×225 mm			
印　　张	11.75			
字　　数	150 千			
印　　数	1~500 册			
定　　价	32.00 元			

若发现印装质量问题,请致电 18954267799,由印刷厂负责调换。

摘 ▼ 要 ▼ ▼

务农重本,国之大纲。没有农业农村现代化,就没有整个国家现代化。实施乡村振兴与推进农业农村现代化是新时代解决"三农"问题的基本方针政策,是破解人民日益增长的美好生活需要和不平衡不充分的发展之间的矛盾的现实需要。创新是引领发展的第一动力。积极推进创新驱动发展战略与乡村振兴战略深度融合,发挥创新第一动力的重要作用,是加速推进农业农村现代化的有效路径。本书的主题是对农业农村现代化的科学内涵和创新驱动路径进行分析,重点以创新驱动为切入点,围绕农业农村现代化实施过程中"产业兴旺、生态宜居、乡风文明、治理有效、生活富裕"的五大要求分析创新驱动路径选择,以资为推动我国农业农村现代化提供一定的理论指导和实践经验。

目 ▼ 录 ▼ ▼

▼
▼
▼

第一章　导论

第一节　问题的提出

务农重本，国之大纲。我国的基本国情决定了"三农"问题是贯穿经济社会发展全过程的根本问题。党的十九大报告首次提出了农业农村现代化的概念，这一创新性提法丰富和扩展了"五个现代化"的科学内涵，更加符合建设社会主义现代化强国的要求。创新是引领发展的第一动力，是建设现代化经济体系的战略支撑。积极推进创新驱动发展战略与乡村振兴战略深度融合，发挥创新第一动力的重要作用，是加速推进农业农村现代化的有效路径。本书的主题是对农业农村现代化现状、科学内涵和创新驱动路径进行分析，重点以创新驱动为切入点，围绕农业农村现代化实施过程中"产业兴旺、生态宜居、乡风文明、治理有效、生活富裕"的五大要求分析创新驱动路径，以资为推动我国农业农村现代化提供一定的理论指导和实践经验。

之所以进行创新驱动农业农村现代化发展研究，既有现实的依据，又有深化理论研究的原因。本书研究是基于对创新是引领农业农村现代化发展的第一动力的重要性的认识，也是基于对深化农业农村现代化发展理论研究的认识。

一、基于对创新是引领农业农村现代化发展的第一动力的认识

乡村兴则国家兴,乡村衰则国家衰。当前,农业是"四化"同步推进的短腿,农村是全面建成小康社会的短板,农民还是最大的低收入群体。"三农"问题在我国工业化、城镇化加速推进过程中显现出来,当前是需要破解"三农"发展的现代性问题。现阶段"三农"发展面临的新形势和新挑战,迫切需要创新理念和思路,寻求新的发展动力机制。在新一轮全球科技革命和产业革命的时代背景下,如何顺应新常态,谋求新动力,破解"三农"问题,推动农业农村现代化成为当前我国现代化进程中遇到的重大问题。推进农业农村现代化发展,核心是推动农村产业兴旺、提高农民收入、改善农村环境和培育新型农民,而这些都离不开科技进步。世界经验表明,创新尤其是科技创新是推进农业农村现代化的核心动力。农业农村现代化根本上要依靠科技创新,科技进步及其成果的广泛应用,有效保障农村"生产、生活、生态"协调发展。

(一)科技创新推动现代农业的发展

农业农村现代化建设要有坚实的经济基础,就必须要大力发展现代农业。与传统农业不同,现代农业是建立在科技进步基础上。建立高产、优质、低耗的农业生产系统和建立合理、高效、稳定的农业生态系统离不开科技进步的支持,技术进步已经成为促进农业稳定发展、转变农业增长方式、调整农业产业结构的主要动力。当前,我国农产品质量要求越来越高,产业兴旺关键在质量兴农、绿色兴农,这决定了我国农业发展必须走内涵式扩大再生产的道路,在追加农业生产要素投入的同时,必须发挥生物技术、自动化工程技术、生态技术等现代农业高技术的引领和导向作用,不断增强农业科技创新能力和储备能力,为发展"高产、优质、高效、生态、安全"的现代农业提供强有力的高科技支撑。依靠科技创新转变发展方式,推动农业由增产导向转向提质导向,提高农业创新力、竞争力。

(二)科技创新促进农民素质的提升和增收新空间的拓展

没有农民的现代化转变,就不可能真正实现农业农村现代化。农民是美丽农村建设的主体,农民素质的高低直接影响着农民的收入,影响着农民的富裕程度。科技进步不断丰富和满足农民的物质、文化等的需要,提升他们的需求层次,提高广大农民的生产、经营和管理水平,不断提升他们的素质,为农村乡风文明引领新风尚。主要体现在:现代的广播、电视、互联网、多媒体等技术的发展,使得农民的民主意识、法治意识以及环保意识得到增强,有力地推动了农民群众需要的全面发展;现代交通工具以及现代传媒工具的普及和推广,给农村带来了交通和通信条件的改善,扩大了社会交往范围,开阔了农民的视野,思维方式正向着系统性、开放性、动态性的方向发展;科技进步提高了农村劳动生产力,把农民从繁重的生产劳动中解放出来,农民有了更多的闲暇时间,上培训班、学致富技术成为了生活的重要内容,从而推动了农民的素质的提升;科技进步在农民增收创富、脱贫攻坚方面具有重要支撑作用。随着新科技的不断推广和应用,科技服务和信息化服务不断增强,城乡数字鸿沟不断缩小,农村经济结构也相应发生变动和调整,农村劳动力的转移速度加快,进一步提升了农民素质和增加了收入。

(三)科技进步增进农村生态环境的改善

农业农村现代化建设的目标之一是要改善农村生态环境,实现人与自然和谐发展。当前我国农村依然面临着许多不可忽视的环境问题。主要包括:农村能源消费以秸秆、薪柴等生物质能为主,新能源开发严重滞后;农业面生产中化肥、地膜、农药使用面源污染较严重;农村生活污水、垃圾排放量增大,严重影响了农村居民的生活环境。应对农村突出环境问题、合理开发农业生态资源,需要科学技术的支撑和创新的推动,实现百姓富与生态美的统一。科技进步为改善农村生态环境提供了技术基础,为农村生态宜居提供新方案,极大地推动了农村生态环境的改善。首先,科技进步是减少面源污染的必要条件。通过发展科技,强化生态过程,综合利用,实现清洁生产,减少面源污染。其次,科技进步是进行环境治理的有效途径。要提高农村生活污水处理率、生活垃圾处理率、畜禽粪便资源化利用率、低毒高效农药使用率,必须依靠农村环保实用技术的研发和推广。再次,科技创新是解决农村能源短缺问题的必要途径。依靠科技进步不仅可以开发省柴灶、节煤炉等农村生产节能设备和产品,推进农村生产生活节能技术的推广;同时,可以不断开拓可利用能源的领域,如风能、太阳能、潮汐能在农村的推广与应用。

二、基于对深化农业农村现代化理论研究的认识和思考

(一)关于农业农村现代化的科学内涵及创新驱动要求的研究

实施乡村振兴与推进农业农村现代化是新时代解决"三农"问题的基本方针政策,是破解人民日益增长的美好生活需要和不平衡不充分的发展之间的矛盾的现实需要。很多学者对农业农村现代化的内涵和推进路径进行了理论研究和探索。目前主要成果表现如下。

关于农业农村现代化的整体研究。陆益龙(2018)指出，实施乡村振兴与推进农业农村现代化是新时代解决"三农"问题的基本方针政策。农业现代化的本质是要通过农业变革，实现农业的生产效率和经济效益的提升。农村现代化的真实内涵则是乡村主体性的维续和乡村新的发展。马晓河(2019)指出农业农村要优先发展，必须打破现有城乡二元结构框架。提出通过构建优先发展机制，改变农业与非农业、农村与城市、农民与市民在资源配置和公共政策安排上的劣势地位，打通城乡融合发展的路径，推进农业农村现代化。陈锡文(2018)提出，推进农业的现代化，要构建现代农业的产业体系和经营体系，发展多种形式适度规模经营，培育新型农业经营主体，健全农业社会化服务体系，要使得小农户能够和现代农业的发展有机衔接。陈锡文指出，要认识到中央对乡村振兴的总要求，就是国家"五位一体"总体布局在农村工作中的体现。乡村社会的治理有效，是实现农村现代化的关键所在。

关于农业农村现代化的个别研究。农业农村现代化包括农民、农村、农业三大方面的现代化思想内容，因此相当一部分学者选取了其中的一个方面作为研究对象。一是关于农业现代化研究。张红宇(2014)提出要克服农业现代化短板，落实好"中国要强，农业必须强"，把产业高效、产品安全、资源节约、环境友好的现代农业发展道路走下去。张正河(2014)强调粮食安全是治国理政的头等大事，要解决"谁来种地、怎么种地、产安全粮"的农业现代化问题。二是关于农民问题的研究。韩长斌(2014)指出,"中国要富,农民必须富",核心问题是要富裕农民、提高农民、扶持农民。三是关于农村问题的研究。高长武(2014)指出农村绝不能成为荒芜的农村、留守的农村、记忆中的故园,实际上是正确看待和处理城镇化与农业现代化、新农村建设的辩证关系。刘义强(2014)指出农村为我国传统文明的发源地和中国优秀传统文化载体,给新农村建设和农村社会治理指出了新目标。

(二)关于实施乡村振兴战略推进农业农村现代化过程中"五个振兴"的研究

"三农"问题是关系国计民生的根本性问题,是全党工作的重中之重,农业农村现代化是实施乡村振兴战略的总目标。从农业现代化到农业农村现代化,"三农"工作的重心由经济发展拓展到经济、政治、文化、社会、生态各领域的发展,体现了"五位一体"的发展思路。很多学者以"五个振兴"为抓手开始进行研究。

关于乡村产业振兴研究。李国祥(2018)指出培育壮大新型农业经营主体,是推动乡村振兴的关键举措。李国祥提出,要在实施新型农业经营主体培育工程中,把保护广大普通农民利益作为不可逾越的底线,实现双方共同利益,促进乡村全面振兴。刘海洋(2018)指出产业兴旺是乡村振兴战略中的首要任务,也是解决我国农村经济社会问题的关键,在分析了我国乡村产业发展面临着的现实困境基础上,提出了实现乡村产业振兴要以农业不断优化升级、三产深度融合为现实路径。高帆(2019)指出了乡村振兴战略中的产业兴旺的实践背景,导源于社会主要矛盾转化、经济步入高质量发展阶段、实施供给侧结构性改革,分析了农村产业兴旺具有四重内涵,提出了实现农村产业兴旺的政策建议。

关于乡村生态振兴研究。李赫然(2018)指出，在我国实施乡村振兴战略过程中，乡村中的生态文明智慧成了人们关注的焦点。提出要尊重自然、敬畏自然，注重人与自然的和谐相处，使生态文明理念为乡村振兴提供源源不断的动力。鞠昌华、张慧(2019)分析了农村生态环境方面存在的问题，指出随着治理体系现代化的提出，农村生态环境治理呈现多元化主体共治，形成包括政府美丽乡村综合整治、农村绿色协调发展治理、城乡统筹治理等在内的农村生态环境系统化治理模式。刘志博、严耕、李飞、魏玲玲(2018)指出，持续推进乡村生态振兴，让广大农民共享新时代社会主义生态文明的生态红利，从生态系统修复、人居环境整治等领域分析了推进乡村生态振兴的制约因素，并且提出相应对策。

关于乡村文化振兴研究。吕宾(2019)指出，从历史维度、现实维度和未来维度的视角分析，乡村文化重塑的必要性显而易见。吕宾提出，重塑乡村文化应从重塑农民的文化价值观、促进乡村文化发展、培育乡村文化建设者的主体意识等方面着手。唐兴军、李定国(2019)乡风文明是乡村振兴的灵魂与保障，文化嵌入是乡风文明建设的重要路径和有力抓手，是新时代振兴乡村文化、培育乡风文明、提升乡村社会文明程度的现实路径。李国江(2019)指出实施乡村振兴战略，实现乡村全面振兴目标，需不断加强乡村文化建设，增强乡村文化自信，焕发乡风文明新气象，推动乡村文化振兴，分析了乡村文化建设的现状及问题归因，提出从聚人气、兴产业、促建设、强教育、育组织五方面振兴乡村文化。

关于乡村人才振兴研究。张宪省，王彪，韩力，米庆华(2019)

指出培养一支懂农业、爱农村、爱农民的乡村人才队伍,是实施乡村振兴战略的重要任务,也是农业高校的重要使命。刘爱玲,薛二勇(2018)指出乡村振兴关键靠人。在分析了我国涉农人才培养面临的问题基础上,刘爱玲、薛二勇指出,新形势下,要从完善政策体系、完善财政投入体制机制、完善涉农人才供需信息体制等方面,创新涉农人才培养的体制机制。张燕、卢东宁(2018)指出实施乡村振兴,推动农业农村现代化,给具有鲜明时代特征的新型职业农民提出了新要求。基于乡村振兴战略背景,在培育内容、培育方式、培育体系上提出了优化新型职业农民培育路径。

关于乡村治理研究。刘祖云,王丹(2018)指出在科学技术的现代社会,乡村振兴国家战略要想落地,必须落实"技术治理"的理念。刘祖云、王丹提出,加大对乡村在空间技术、信息技术与农业技术三个层面实现"技术升级",提高乡村的组织技术与能力,以承接乡村的技术升级。陈健(2018)指出乡村振兴战略的实施离不开现代化乡村治理新体系,在分析目前乡村治理存在的治理低效、碎片化等困境基础上,构建了新时代乡村振兴战略视域下现代化乡村治理新体系的实践路径。

综上可知,学术界对农业农村现代化的研究,虽在短时间之内展现了极大的热度,但已有的研究一是媒体评述和学习解读多,科学分析研究少,其研究的深度与广度与其重要性不相匹配;二是研究农业农村现代化某个领域或方面的多,系统性研究较少,缺乏对农业农村现代化方面的整体性把握,尚缺乏创新驱动对农业农村现代化发展的重要作用研究。简言之,当前,从农业农村现代化的背景分析、内涵论析和实践路径等各个角度来看,该研究都尚处在起始阶段,实施乡村振兴战略推进农业农村现代化发展的理论和政策研究总体上还有很大研究空间。为加快我国农业农村现代化的新征程，客观上要求加强为什么要实施乡村振兴战略推进农业农村现代化发展、推进什么样的农业农村现代化研究，需要对推进农业农村现代化发展的"五个振兴"的科学内涵和要求等方面加强关注、研究和探索。本书在分析农业农村现代化现状、科学内涵基础上，以创新为切入点，分析"五个振兴"创新驱动建设路径，推动乡村全面振兴。

第二节　本书的主要内容和主要观点

（一）第一章　导论

从理论和现实阐述研究问题的提出原因，基于对我国"三农"问题的重要性和创新是农业农村现代化发展的第一动力的重要性的认识，也是来自深化对农业农村现代化发展理论研究的认识；阐发本书的研究框架、主要内容和主要观点；说明全文的研究方法；阐发研究的价值，本研究深化了当前农业农村现代化的理论研究，对当前实施乡村振兴战略，推进农业农村现代化提供一定的实践指导。

（二）第二章　农业农村现代化的科学内涵及创新驱动路径

本章在分析当前农业农村现代化进程中面临的问题基础上，阐发了农业农村现代化的科学内涵，提出了创新驱动农业农村现代化发展的路径选择。本章共分三部分，主要内容有：

1.当前农业农村现代化进程中面临的问题。农业现代化面临着严峻挑战，农村社会建设和公共服务滞后，农民增收与权益公平问题亟待解决,这些问题,是在我国经济发展过程中必须面对的更高层次的问题,是破解"三农"发展的现代性问题,需要进行理论解答。

2.农业农村现代化的科学内涵。①坚持"三农"工作重中之重的全局定位。立足于中国特殊国情,我们任何时候都不能忽视农业,不能忘记农民,不能淡漠农村。中国要强,农业必须强;中国要美,农村必须美;中国要富,农民必须富,没有农业农村现代化,就没有整个国家现代化。②推进农业现代化,走中国特色农业现代化发展道路。我们要深谙中国粮食安全的特殊战略地位,牢牢把"饭碗"端在自己手上。为加快推进农业现代化进程,要用先进的制度设计、经营方式和组织方式推动传统农业现代化转型。重点解决"谁来种地、怎么种地、产安全粮"的农业现代化问题。③发挥创新引领力,激发农村活力。我们要坚持不懈推进农村改革和制度创新,激发农村发展活力。创新农村发展理论,激发原动力。坚持绿水青山就是金山银山,让农村自己拥有的青山绿水变成财富,让农民依托独具魅力的乡土资源和乡土文化变成乡村旅游资源,办成休闲度假、旅游农业。我国城乡二元结构是制约城乡发展一体化的主要障碍,要通过构建城乡一体的体制机制,促进城乡一体化发展,形成以工促农、以城带乡、工农互惠、城乡一体的新型工农城乡关系。④发挥创新推动力,促进农民增收。小康不小康,关键看老乡。在紧紧依靠稳步增加农民经营性收入的基础上,我们要通过加快现代农业发展、推进新型城镇化、创新体制机制和注重精准扶贫等"多轮驱动"增加农民收入。同时要加大制度供给,完善农民增收保障机制,用制度切实维护、保障和增进农民利益。

3.创新驱动农业农村现代化发展的路径选择。"三农"工作是全党工作的重中之重,是国家发展大局的压舱石、定盘星。我们要坚持"重中之重"战略定位,切实把农业农村优先发展落到实处。加快推进农业农村现代化,要坚持理论思维创新、科技创新、体制创新和制度创新,创新激发农业农村发展内生动力和活力,努力开创"三农"发展新局面。

(三)第三章 创新驱动乡村产业振兴,推进农业现代化

产业兴旺关键在质量兴农、绿色兴农,要推动农业由增产导向转向提质导向,根本上就是要依靠科技创新转变发展方式,提高农业创新力、竞争力。推动乡村产业振兴过程中,我们要认清发展规模经营是农业现代化发展的方向, 也要认清小规模农业经营仍是很长一段时间内我国农业基本经营形态的国情,需要协调好家庭小农生产与多种形式适度规模经营。在创新驱动乡村产业振兴过程中, 我们既要加强高质量农业科技供给新型农业经营主体, 提升农产品质量技术标准, 生产更多高品质农产品,又必须立足农户家庭经营的基本面,加强政策扶持和服务联结,促进小农户和现代农业发展衔接。本章共分两部分,主要内容如下。

1.农业科技成果向新型农业经营主体转化的创新驱动路径。新型农业经营主体是现代农业发展的主力军,是农业科技的需求主体,是农业科技成果转化的主要对象。目前,农业科技供给与服务、农业科技投资与保障机制、职业农民自身素质、农业生产环境等因素制约农业科技成果向职业农民转化。为此,提出相应的促进农业科技成果向职业农民转化的对策。

2.农户在农业结构调整中面临的困境及创新驱动路径。农

业结构战略性调整是发展现代农业、增加农民收入和促进农村可持续发展的重要手段，事关大局。农户是农业结构调整的主体,当前,农户在农业结构调整中存在诸多困境。政府应在尊重农民的主体地位的前提下，对不适应结构调整的体制和制度进行相应的改革和创新,强化政府的引导、服务和调控作用,帮助农户走出困境,加快结构调整的进程。

(四)第四章 创新驱动乡村生态振兴,建设美丽宜居乡村

乡村振兴要实现生态宜居,就是要确保农村良好生态环境这一乡村最大优势和宝贵财富,就是要加快建设农村生态文明,推动农村生态振兴,创造经济社会与资源、环境相协调的可持续发展模式。当前,农业持续发展、农村环境保护和农民能源利用方式迫切需要科学的生态伦理观念指引,需要科技的支撑。本章共分两部分,主要内容如下。

1.农村生态文明建设的科技需求及对策。本节分析了当前农村生态文明建设的科技需求,提出我们要以科技进步为动力,推动农业可持续发展;以科技进步为支撑,治理农村环境污染;以科技创新为途径, 优化农村能源消费结构;以科技教育为手段,提高农民科技素质。

2.生态农业发展的科技支持困境及对策研究。应对农业面源污染等突出环境问题,增加农业生态产品和服务供给,需要技术的支撑和创新的推动,需要生态发展方式,促进生态和经济良性循环。生态农业是实现食品安全和现代农业持续发展的重要条件。科技进步是推动生态农业发展的重要支撑。目前我国生态农业科技创新和推广还不够完善, 作为公益性的生态科技投资

与保障的法规政策不健全,生态技术应用受到很大制约,使得农业科技难以发挥其应有的支持作用。我们要通过加大对生态农业技术的有效供给、加强对农民生态科技培训、完善生态科技投资与保障法律政策体系等措施促进生态农业发展。

(五)第五章 创新驱动乡村文化振兴,焕发乡村文明新气象

推动乡村文化振兴,应加强农民思想文化建设,焕发乡村文明新气象;传承保护弘扬优秀传统农耕文化,不断赋予其新的时代内涵。科技创新在为提升农民素质、引领农村乡风文明新风尚和传承保护弘扬优秀传统农耕文化方面发挥着重要作用。本章共分两部分,主要内容如下。

1.农民科学文化素质提升的创新驱动路径。当前,我国一些乡村存在的迷信、恶俗、陋习等不文明现象,核心原因就是农民科学文化素质有待提高。不断提高农民科学文化素质是乡村建设的核心动力和提升乡村文明水平的关键。本部分分析了农民科技文化素质提升的城乡二元结构、农村教育体系、农业科技推广与服务、农民自身思想文化状况等主要制约因素,通过优化农村教育结构、加快实施科技培训、大力加强农村科技的推广、充分发挥政府调控作用等措施推动农民科技素质。

2.科技创新促进乡村优秀传统文化现代化转型。乡村传统文化发展是乡村振兴的重要基础和保障, 是乡村建设的灵魂所在。随着工业化城镇化的推进,乡村文化逐渐被边缘化,再加上人为因素的破坏、自然因素的侵蚀和现代文化强势介入,农村传统文化保护和发展面临载体、空间和手段等方面的困境和挑战。科技在记录乡村民间文化、培养文化受众和推动传统文化产业

转型升级等方面发挥着独特的作用，它提升了乡村传统文化的存储力、传承力、传播力和竞争力。乡村传统文化借助科技的优势，不断地注入新内涵，在时代文化互动和异质文化的对话和碰撞中进行自身的创新与创造性的发展，推进实现其现代转型，增强朝气与活力。

(六)第六章　创新驱动乡村人才振兴，推动农业农村现代化内生发展

本章以农业农村现代化进程中山东农村人才培养现状为例，以当前农业农村现代化发展过程中实用人才缺乏为着眼点，分析新型职业农民培育的战略作用；梳理总结发达国家新型职业农民培育实践经验，探索新型职业农民成长与培育规律，为新型农民培育机制构建建立可行的路径；在分析山东培育实践中实践经验、问题及其制约因素基础上，要加强政府推动和部门联动，强化法制保障和政策激励，注重社会氛围营造，从制度机制和良好的外部社会环境等方面合力推进。本章分四部分，主要内容如下。

1.农业农村现代化进程中新型职业农民培育的战略性。人才兴则乡村兴，人气旺则乡村旺。农业农村现代化的重要标志是从业人员素质的现代化，培育乡村实用人才是实现农业农村现代化的关键。目前，随着工业化、城镇化进程的加速，大批农村青壮年劳动力的转移，当前农业从业人员低质化、老龄化等问题日益凸显，现代农业和农村发展遭遇人力资本困境，农业农村现代化发展过程中实用人才缺乏。

2.发达国家职业农民培育经验及启示。发达国家在农业现代化发展道路上，对职业农民培育都给予高度重视。他们从自身

国情和禀赋条件出发，在职业农民培育方面大都已建立起一整套制度和教育培训体系。本部分选择美国、英国、德国和韩国等典型发达国家作为分析对象，为培育新型职业农民的研究提供可借鉴的经验。

3.山东省新型职业农民成长与培育现状。乡村振兴，人才是关键。当前，农村本土实用人才、返乡农民工、大中专毕业生、科技人员、退役军人等构成的新型职业农民队伍，是破解现代农业发展"难题"的有效途径。以山东省新型职业农民成长与培育现状为例，分析山东培育新型职业农民培育工作实践中经验、问题及其制约因素，在现有的制度和政策供给背景下，新型职业农民培育面临着诸多问题。新型职业农民培育中面临的多重困境，归根结底是机制体制建设的问题。如何进行体制机制创新，实现困境摆脱，为加快新型职业农民培育创造条件成为急需解决的问题。

4.创新乡村人才工作机制，汇聚农业农村现代化人才资源。加快推进农业农村现代化，培养造就一支懂农业、爱农村、爱农民的"三农"工作队伍，这就要求必须创新乡村人才工作体制机制，在培育人才、吸引人才等方面下足功夫。要积极培养本土人才，鼓励外出能人返乡创业，鼓励大学生村官扎根基层，为乡村振兴提供人才保障。坚持"培"和"育"结合，从制度机制和良好的外部社会环境等方面合力推进，让人才振兴成为推动农业农村现代化的内生动力。

（七）第七章　创新构建乡村治理新模式，推动城乡协调发展新格局

适应我国城乡格局和城乡关系变动的新特征，乡村振兴与

城镇化要实现双轮驱动,构建城市、小城镇和美丽乡村协调发展的空间形态,因此要创新构建乡村治理新模式,推动城乡协调发展新格局。本章分三部分,主要内容如下。

1.科技创新为农村治理有效构建新模式。实施乡村振兴推进农业农村现代化要求夯实党在农村的工作基础,创新现代乡村社会治理体制,提高农村社会管理科学化水平。当前,现代化技术手段应用不足是制约当前农村治理的短板。科技创新为农村治理有效构建新模式,推动乡村充满活力、安定有序。

2.创新驱动县域新型城镇化发展的路径选择。城镇化可以为乡村振兴提供更广阔的市场需求和更强大的技术支撑,是乡村振兴重要的动力所在。县域是我国新型城镇化的关键和重要生长增长点。新常态下,县域新型城镇化需要走产业创新、城乡统筹发展道路。在这一过程中,创新驱动在推动县域产业转型升级、城镇可持续发展、城镇和农村幸福指数提升等方面发挥着重要作用。当前,创新驱动对城镇发展的支持作用尚未有效发挥。新时代推进县域城镇化,要以创新为驱动力,应通过完善县域新型城镇化相适应的技术创新体系、创新信息化与县域新型城镇化融合机制、加强农村科技推广服务体系创新和创新县域新型城镇化发展体制机制等措施,推动县域新型城镇化发展。

3.创新推动新生代农民工市民化的路径选择。新生代农民工就业技能提升是促进其市民化的基础和内在动力,是推动其自身融入城市社会的重要条件,目前正面临着诸多困境。政府应明确其主导地位与服务责任,通过破除城乡二元结构障碍、加强农村职业教育和补偿教育、营造制度环境和服务环境、制定激励政策激发需求等措施,促进新生代农民工就业技能提升,推动农业转移人口市民化。

第三节　本课题主要的研究方法

一、坚持唯物辩证的思想方法和理论联系实际的原则

唯物辩证的思想方法和理论联系实际的原则是马克思主义的基本方法论原则。"三农"问题既是一个理论问题，又是一个现实性的问题，因此，在研究时，就必须做到理论联系现实，密切关注当前问题。

二、调查分析法

采用书面问卷调研和实地走访调查相结合的形式，制定了"新型职业农民问卷调查表"，选取了山东省东部、中部、西部三个地区进行调研，了解山东省新型职业农民培育的情况，并在定性分析的基础上，运用大量翔实的数据资料做定量分析，把搜集的数据绘制成图表形式，分析探寻山东省新型职业农民培育中存在的问题及制约因素，为乡村人才振兴研究奠定实践基础。

三、文献研究法和借助现代科技手段的方法

查找各种文献中关于农业农村现代化方面材料，梳理乡村"五大振兴"中乡村产业振兴、文化振兴、生态振兴、人才振兴的相关研究方面的资料，进行深层次理论挖掘、提炼，为本书研究创作奠定理论基础。现代的科技平台如网络、电子图书、新闻媒体等，也都是查询资料了解前沿的便捷工具和手段。

四、坚持系统思维的方法

"三农"问题不仅包括农业、农民和农村，还与国家整体发展紧密相连，是包括历史与现实的极其复杂的问题。要把创新驱动

第一章 导论

农业农村现代化研究放在整个国民经济发展的大背景下去考量，要抓住"三农"发展与治国理政其他领域的关联性和协调性去分析。

第四节　研究的价值

我国的基本国情决定了"三农"问题是贯穿经济社会发展全过程的根本问题。乡村兴则国家兴，乡村衰则国家衰。在现代化进程中，如何处理好工农关系、城乡关系，在一定程度上决定着现代化的成败。党的十九大报告提出了乡村振兴战略，农业农村现代化是实施乡村振兴战略的总目标。按照产业兴旺、生态宜居、乡风文明、治理有效、生活富裕的总要求，实现农业强，农村美，农民富。围绕着实施乡村振兴推进农业农村现代化，学术界进行了积极的理论探索。总起来说，乡村振兴战略实施刚刚开始，关于实施乡村振兴战略推进农业农村现代化的理论和政策研究总体上处于开题阶段，为加快我国农业农村现代化的新征程，客观上需要明晰农业农村现代化的科学内涵，明确推进农业农村现代化的思路、方向和着力点，需要按照农业农村现代化的五大时代要求进行理论研究和探索。本书的主题是对农业农村现代化现状、科学内涵和创新驱动要求进行分析，重点以创新驱动为切入点，围绕农业农村现代化实施过程中"产业兴旺、生态宜居、乡风文明、治理有效、生活富裕"的五大要求分析创新驱动路径，本研究为理论界进一步深化相关研究提供学术参考，也为推动我国农业农村现代化提供一定的实践经验。重点阐发了以下的问题。

1.分析了农业农村现代化的科学内涵。"三农"工作是全党工作的重中之重,是国家发展大局的压舱石、定盘星。没有农业农村现代化,就没有整个国家现代化。推进农业现代化,走中国特色农业现代化发展道路。重点解决"谁来种地、怎么种地、产安全粮"的农业现代化问题。发挥创新引领力,激发农村活力,形成新型工农城乡关系。发挥创新推动力,促进农民增收。同时要加大制度供给,完善农民增收保障机制,用制度切实维护、保障和增进农民利益。

2.提出了农业农村现代化发展的创新驱动路径。加快推进农业农村现代化,要加强理论思维创新、科技创新、体制创新和制度创新,创新激发农业农村发展内生动力和活力,推动农业农村可持续发展,让广大农民有更多的获得感,努力开创"三农"发展新局面。

3. 从创新视角阐发了农业农村现代化发展中的"五大振兴"。产业振兴关键在质量兴农、绿色兴农。依靠科技创新转变发展方式,提高农业竞争力,促进产业兴旺。加强科技创新,推动农业科技成果向新型农业经营主体转化,加强政策扶持和科技服务联结,促进小农户和现代农业发展衔接;生态振兴就是要求加快推进农村生态文明建设、建设生态宜居的美丽家园。加强科学的生态伦理观念指引,加快科技创新推动生态农业持续发展、农村环境保护和农民能源利用方式转型。文化振兴,就是要求提高农民科学文化素质、保护和传承农村优秀传统文化,提高乡村社会文明程度。优化农村教育结构、加快实施科技培训、大力加强农村科技的推广等措施推动农民科技素质提升。科技创新提升了乡村传统文化的存储力、传承力、传播力和竞争力,促进农村

　　优秀传统文化现代化转型。人才振兴就是要求创新乡村人才工作机制，汇聚农业农村现代化人才资源。创新乡村人才工作体制机制，在培育人才、吸引人才等方面下足功夫，坚持"培"和"育"结合，让人才振兴成为推动农业农村现代化的内生动力。治理有效就是要创新现代乡村社会治理体制，推动城乡协调发展新格局。科技创新为农村治理有效构建新模式，推动乡村和谐有序发展。创新驱动县域新型城镇化发展，推动农业转移人口市民化。

第二章　农业农村现代化发展的科学内涵及创新驱动路径

党的十九大报告中首次提出了农业农村现代化的概念,农业农村现代化强调的是全面现代化。到 2050 年我国要建成富强民主文明和谐美丽的社会主义现代化强国, 作为我国经济社会发展的重要组成部分的农业农村发展, 其现代化发展具体就是按照产业兴旺、生态宜居、乡风文明、治理有效、生活富裕总体要求,最终实现农业强、农民富、农村美的现代化目标,让农业、农村、农民和整个国家一起实现现代化。

当前,在我国农业农村现代化发展过程中,"三农"问题在我国工业化、城镇化加速推进过程中再一次显现出来,是在我国经济发展过程中必须面对的更高层次的问题,是破解"三农"发展的现代性、公平性问题。突破自身发展瓶颈、解决深层次矛盾和问题,根本出路就在于创新。现阶段"三农"发展面临的新形势和新挑战,迫切需要创新理念和思路,提出破解"三农"问题的新方法和新举措。创新发展是引领发展的第一动力,推动经济社会发展要更多依靠创新驱动,加快实施创新驱动发展战略,增添、培育和催生中国经济发展的新动力。面对农业短腿和农村短板,在推动"三农"发展时我们要将创新摆在突出位置,要在围绕建设特色现代农业,努力在提高粮食生产能力上挖掘新潜力,在优化农业结构上开辟新途径,在转变农业发展方式上寻求新突破,在促进农民增收上获得新成效,在建设新农村上迈出新步伐。向创新要活力,要动力,要效益,通过制度创新和政策创设,建立起"三农"发展的制度环境和内生机制,引领"三农"发展,是当前"三农"发展的根本和关键。

本章坚持唯物辩证的思想方法和理论联系实际的原则,采用文献研究法和借助现代科技手段的方法,坚持系统思维的方法等方法,坚持问题导向意识,重点对当前农业农村现代化进程中面临的问题、农业农村现代化的科学内涵和创新要求等方面进行了较为深入系统的研究。

第一节　农业农村现代化发展
进程中面临的问题

近年来,由于各级党委政府高度重视,我国"三农"工作取得了积极的成效,但我们也要清醒地看到,"三农"工作依然面临严峻的挑战。当前,在我国农业农村现代化进程中,"三农"发展面临的新形势和新挑战,迫切需要创新理念和思路,提出破解"三农"问题的新方法、新举措。

一、农业现代化面临着严峻挑战

目前,我国已经进入农业现代化的加速推进期,但是,农业现代化建设过程中的许多矛盾日益加剧,问题更加突出。

（一）农业劳动力的劣质化

随着工业化、城镇化进程的加快，大批的青壮年劳动力离开农村进城务工，农业留守劳动力老龄化、低素质化，农业现代化发展面临人力资本困境。

（二）农业发展瓶颈趋紧

我国农业发展长期以来主要依靠的是要素驱动，包括对土地掠夺式的利用和对农药和化肥等农业用品的高投入，这种粗放式的农业发展模式造成了农业生产面临的资源环境约束进一步增强。

（三）农业经营方式落后

分散经营下的小规模农业生产，生产经营专业化、标准化、规模化水平不高，农产品的质量与人民的生活水平提高的要求之间还有很大的差距，市场竞争力不强，也难以获得规模效益。农业现代化面临着严峻挑战，迫切需要转变农业发展方式，寻求新的发展动力机制。

二、农村社会建设和公共服务滞后

长期以来，我国城乡之间存在要素交换的不平等和公共资源配置的不均衡问题，不仅如此，随着工业化、城镇化进程的快速推进，农村与非农产业和城镇的争夺战造成农村土地、资金、人才等生产要素日益紧缺，农村的弱势地位逐渐凸显。

（一）农村生产要素流动性低下，亟须构建要素流动和配置机制

长期以来，由于受法律和体制的限制，农村缺乏增强发展动力的顶层设计，导致农民的承包地、宅基地、住房等要素流动性低下，农村资源不能优化配置和充分利用。

(二)农村公共服务保障不足,亟须构建新的投融资机制

近年来,中央把加强农村基础设施建设作为新农村建设的关键环节,农村的教育、卫生、社保等社会事业取得显著进展。但由于我们长期实行的是城乡分割的社会政策,公共财政资源主要面向城市供给公共物品和服务,由于历史欠账多,农村基础设施落后、社会事业发展水平低的问题还没有根本解决,亟须创新思路,为农村营造内核驱动力和外部吸引力,构建"新型工农城乡关系"。

三、农民增收与权益公平问题亟待解决

在工业化、城市化快速增长的推动下,农民总体收入水平依然比较低,我们国家农村居民中还有 2600 多万未能解决温饱问题的贫困人口;城乡人口的收入差距日益扩大,出现"丰裕型贫困"。

(一)农民经营性收入增长缓慢

农民经营性收入受自身文化素质、经营规模和外部政策环境等因素影响。截至 2012 年,农村小学及以下程度劳动力所占比例仍高达 31.98%,传统农民文化水平低且缺乏培训,加之土地经营规模小,农业比较效益低下,导致农民经营性收入增长缓慢。

(二)农民赋权不足,财产性收入比重低

长期以来,由于农民的承包地、宅基地等资产的法制建设滞后,农民赋权不足,导致财产性收入在农民家庭收入中的比重极低,2012 年农村居民家庭人均财产性收入仅占农村居民家庭人均纯收入的 3.15%。

(三)转移性收入和工资性收入增幅趋缓

农民收入增长与国民经济发展密切相关。当前,在新常态下财政收入放缓,增加农民的转移性收入面临财政直接补贴下

降的困境;农民工文化素质和就业技能较低,综合素质滞后于城市产业结构调整的需求,导致农民务工数量增长的速度减缓,工资性收入增长面临挑战。农民增收缓慢,亟须创新思路,开辟农民增收的新的动力机制。

(四)农村贫困人口全部脱贫问题突出

全面建成小康社会,难点在农村特别是贫困地区。换言之,我国农村贫困地区贫困人口脱贫问题成为制约农村全面建成小康社会的瓶颈和短板。进入 21 世纪,我国扶贫工作的实施范围已经缩小到乡村和农户,这使扶贫工作的复杂性增强,对扶贫工作的精准识别也提出了更高的要求。在农村,由于贫困家庭和贫困人口致贫原因存在诸如生产、疾病、教育等差异性,因此需要找准致贫的病根,实施靶向治理,以便使贫困地区的"造血功能"自动自觉地运转起来,彻底断掉穷根。采用"眉毛胡子一把抓"的扶贫方式,将导致扶贫效果不佳。鉴于此,在保持大的扶贫战略不变的条件下,扶贫政策与扶贫战术需要做出相应调整精准化成为必然趋势。

第二节　农业农村现代化发展的科学内涵

实施乡村振兴与推进农业农村现代化是新时代解决"三农"问题的基本方针政策。没有农业农村现代化,就没有整个国家现代化。乡村振兴过程中要始终坚持农业农村优先发展的理念和政策措施,让农业、农村、农民和整个国家一道实现现代化。

一、坚持"三农"工作重中之重的全局定位

在工业化和城镇化现代化进程中, 尽管党中央已经将解决

"三农"问题列为全党工作的重中之重,但重城轻乡,强工弱农的政策思维一直在不同程度上延续着,仍有不少领导干部把发展农业作为只推进工业化和城市化的工具。我们要立足于中国实际,对行进在工业化城镇化进程中的"三农"战略地位给予科学的认知,明确"三农"这块压舱石为赢得全局工作主动发挥的战略意义,从强烈的问题意识、全面的评价标准和国家战略全局三个方面明确中国全面改革开放和农业农村现代化战略目标,"中国要强,农业必须强;中国要美,农村必须美;中国要富,农民必须富",从根本上说"三农"发展是国家发展的终极评判,解决"三农"问题是全党工作以及具体化和现实化。

(一)任何时候"三农"地位不可动摇

"中国要强,农业必须强"。务农重本,国之大纲。农业是国民经济和社会发展的基础,这是马克思主义揭示的经济和社会发展的一个重要规律。由于我国长期存在农业人口占人口绝大多数、农村占地域的绝大部分的基本国情,因此,尽管当前农业占GDP的比重持续下降,但农业在国民经济中的基础地位没有变;尽管农民大量转移就业,但农民是社会结构的基础没有变;尽管农村生产生活条件不断改善,但农村是全面建成小康社会的短板没有变。我国的基本国情决定了农业农村农民问题是贯穿我国现代化建设进程始终的根本问题。这种根本性不能因解决了吃饭问题而动摇,这一点不会随着农业对国民经济的贡献率的下降而改变,不能因城镇人口超过农村人口而动摇,任何时候都不能忽视农业,不能忘记农民,不能淡漠农村。这几年,在我国取得粮食产量连增和农民增收连快的佳绩时,中国政府始终高度重视国家粮食安全,把发展农业、造福农村、富裕农民、稳定地解决 13 亿人口的吃饭问题作为治国安邦重中之重的大事。即使我国城镇化率达到了 70%，按届时总人口 15 亿人计算，仍有 4.5 亿人生活在农村，虽比现在大幅度减少，但还是很大的数字，这就是中国的国情，任何时候"三农"地位不可动摇。

（二）乡村是中国文明之根的地位

"中国要美，农村必须美"。在许多地方城镇化规划中，把解决中国农村与农民的发展问题统统寄希望于城市化的一端。在新的历史条件下，我们要明确乡村在中国走向新常态发展中的本位地位。要从中华民族历史与文化的高度，明确乡村在中国城镇化中不能缺失和不可替代的功能和地位：中国乡村是中国五千年文明传承之载体，是中国文化传承与发展之根，乡村是中国人的精神归属。明确新农村建设一定要走符合农村实际的路子，要遵循乡村自身发展规律，留得住青山绿水，记得住乡愁。农村绝不能成为荒芜的农村、留守的农村、记忆中的故园。继续推进社会主义新农村建设，建设美丽乡村，并提出了推进农村人居环境整治、改善农村卫生条件等配套措施，为农民创设美好的人居环境，建设幸福家园。城镇化要发展，农业现代化和新农村建设也要发展。城镇化建设与新农村建设是实现城乡一体化发展的两翼，要一手抓城镇化，一手抓新农村，城镇与乡村并存，互促共进。

（三）农民增收致富是执政为民的内在要求

"中国要富，农民必须富"。消除贫困、改善民生、逐步实现共同富裕，是社会主义的本质要求，是我们党的重要使命。落实党全心全意为人民服务的根本宗旨，决不能忘记农民，而必须实现好、维护好、发展好广大农民的根本利益。党中央的政策好不好，

第二章

农业农村现代化发展的科学内涵及创新驱动路径

要看乡亲们是笑还是哭。农民日子好，现在农民对党的政策是满意的，这是我们党长期执政的可靠基础。农业基础稳固，农村和谐稳定，农民安居乐业，整个大局就有保障，各项工作都会比较主动。我们要更加重视促进农民增收，让广大农民都过上幸福美满的好日子，一个都不能少，一户都不能落。要让广大农民平等参与现代化进程、共同分享现代化成果。农民日子好，农民对党和政府的向心力才会增强，社会才能获得稳定的根基。

二、推进农业现代化，走中国特色农业现代化发展道路

(一)确保国家粮食安全

保障国家粮食安全是一个永恒的课题，任何时候这根弦都不能松，这充分体现了党和国家领导人对粮食安全的重视，也体现了居安思危的战略思想。我们要坚持以我为主、立足国内、确保产能、适度进口、科技支撑的国家粮食安全战略，既要加强粮食安全的建设，又要充分利用好粮食资源，提高国家粮食安全保障水平，树立大粮食观念。

(二)加快农业科技创新，推进农业生产现代化

依靠创新驱动加快现代农业建设，科技创新是关键。在农业资源约束日益趋紧、农产品质量需求刚性增长的新形势下，我国农业要走内涵式发展道路。矛盾和问题是科技创新的导向，农业出路在现代化，农业现代化关键在科技进步。为实现农业向高产优质高效跨越，我国农业要注重创新机制，激发活力，真正让农业插上科技的翅膀。农业生产现代化要求加快构建适应高产、优质、高效、生态、安全农业发展要求的技术体系，通过科技支撑补充农业产能和农业生态环境的短板。

（三）加强农村基本经营制度创新，推动农业经营体系现代化

依靠创新驱动加快现代农业建设，制度创新是根本保障。首先，全面深化农村土地制度改革。农村基本经营制度是党的农村政策的基石。十一届三中全会之后，中国开始实行农地集体所有权与农户承包经营权逐渐分离的家庭联产承包责任制。面对大量承包农户因进城务工需要部分或全部流转土地经营权问题，农村要加强制度创新和改革，要完善农村基本经营制度，要顺应农民保留土地承包权、流转土地经营权的意愿，把农民土地承包经营权分为承包权和经营权，实现承包权和经营权分置并行。农地产权由两权分离向三权分置转变，以利于消除农地经营规模小、农业机械化水平和技术利用水平低、资本密度低等障碍，从而加快新型农业经营主体的形成。其次，农业经营制度创新，构建新型农业经营体系。以解决"地怎么种"为导向，农村农业经营中要加快培育专业大户、家庭农场、农民合作社、农业产业化龙头企业等新型经营主体，通过创新完善相关制度，激发农业发展活力。

（四）注重人力资本创新，推动农业队伍职业化

农村经济发展关键在于人。针对当前大批农村青壮年劳动力的城镇转移就业，农业从业人员低质化、老龄化等问题，要建立专门的政策机制，吸引青年人务农，构建职业农民队伍，为农业持续健康发展提供坚实的人力基础和保障。

三、发挥创新引领力，激发农村活力

进入 21 世纪以来，广大农民的生产生活条件显著改善。但是，客观地讲，城乡差距还很大。为推动农村发展，要坚持不懈推

进农村改革和制度创新,激发农村发展活力。

(一)创新农村发展理论,激发原动力

发挥创新引领力,理论创新是前提。"无工不富"一度成为农村经济社会发展"格言"。我们要积极探寻乡村发展优势,坚持"绿水青山就是金山银山"的科学论断。"两山理论"找到了乡村原动力,让农村自己拥有的青山绿水变成财富,让农民依托独具魅力的乡土资源和乡土文化变成乡村旅游资源,办成休闲度假、旅游农业。充分发挥绿水青山的生态性、乡村文化的独特性,推动农村一二三产业融合发展,扬乡村乡土人文绿色生态吸引力大的长处,让传统的农村焕发出新的生机和活力。

(二)健全城乡发展一体化体制机制,加快形成新型工农城乡关系

发挥创新引领力,制度创新是关键。我国城乡二元结构是制约城乡发展一体化的主要障碍,解决问题的关键在于深化改革,要通过构建城乡一体的体制机制,促进城乡一体化发展。针对农村社会事业和公共服务落后、农村基础设施建设的落后问题,农村要完善农村基础设施建设机制,推进城乡基础设施互联互通、共建共享。为促进城乡公共服务均等化,解决好农村公共事业发展问题,我们要把城市和乡村作为一个整体来统筹谋划,强调通过建立城乡融合的体制机制,形成以工促农、以城带乡、工农互惠、城乡一体的新型工农城乡关系。

四、发挥创新推动力,促进农民增收

摆脱贫困,实现共同富裕始终是中国人民和中华民族的共同夙愿。小康不小康,关键看老乡。收入的"平均数"不能掩盖农民的"大多数",只有农民整体收入水平提高了,全面建成小康社

会的共富梦才能实现。我们要更加重视促进农民增收,让广大农民都过上幸福美满的好日子,一个都不能少,一户都不能落。新常态下农民增收越来越受我国经济社会发展大局和外部环境的影响,要构建农民增收长效政策机制,在紧紧依靠稳步增加农民经营性收入的基础上,通过加快现代农业发展、推进新型城镇化和创新体制机制等"多轮驱动"增加农民收入。

(一)加快发展现代农业,增加农民经营性收入

我国农业发展存在产业链条短、产品附加值低的问题,产业不强,农民增收困难,需要拓宽农民经营性收入的增收空间。现代高效农业是农民致富的好路子。要加快建立现代农业产业体系,延伸农业产业链、价值链,促进各级产业交叉融合,让农民更多地分享农业增殖的效益,让农民"以农"致富。

(二)推进新型城镇化战略,增加农民工资性收入

新型城镇化不仅是拉动经济增长的重要引擎,也是增加农民工资性收入的重要途径。城镇化健康发展有利于实现农民的转移就业,促进工资水平提升,又能使留下的农民有扩大农业经营规模的空间。以人的城镇化为核心,更加注重提高户籍人口城镇化率,更加注重城乡基本公共服务均等化。要把有序推进农业转移人口市民化作为城镇化首要任务,解决好进城农民的户籍、就业和社会保障问题,加强农民工职业技能培训,使农业转移人口市民化与城镇化同步发展,让他们能真正平等地享受现代化发展成果。

(三)加强制度创新,增加农民财产性收入

农民问题的核心是增进农民利益和保障农民权益问题。首先要完善土地制度保障。制度在本质上是一系列权利的集合。而

利益是权利的内核,权利是利益的外化。没有相应的制度保障,
利益是不稳定的。目前的农民利益低下,在根本上说,是制度供
给不足,或与农民需求错位,农民的权利没有得到尊重和保障。
土地制度是农村的基础制度,是农村各项制度的核心。在当前和
今后相当长的时期内,土地不仅是农业最重要的生产资料,也是
农民最基本的生活保障。保护农民的土地权利,是对农民利益最
直接、最具体的维护。要把住家庭承包经营制度这条底线,改革
完善土地制度,重点保护农民的土地权利和自主经营权。现有农
村土地承包关系保持稳定并长久不变,是维护农民土地承包经
营权的关键。农村基本经营制度是党的农村政策的基石,针对农
民的土地承包关系不稳定问题,我们要要抓紧落实土地承包经
营权登记制度,土地确权使农民获得经济主体性,切实通过落实
农民的集体土地承包使用权来切实保障其经营和收益权,让农
民吃上"定心丸"。针对农民的土地流转机制不健全、出现了与农
民争利和"土地非农化"问题,我们要在土地流转中不能搞强迫
命令,不能搞行政瞎指挥。土地流转要尊重农民意愿、保障基本
农田和粮食安全,要有利于增加农民收入,这是从制度角度为农
民增收致富提供了保障。针对农民赋权不足,我们要加强制度创
新,全面深化农村改革,赋予农民更多财产权利,赋予农民公平
分享土地增值收益的权利、土地承包经营权抵押、担保权能,扩
大农民住房财产权和的集体资产股份的权能,保障农民增加财
产性收入的公平性。

(四)注重精准扶贫,增加贫困农民收入

我国农村尚有几千万的贫困人口,每年面临很大的减贫压
力。实现全面小康的这一目标需要付出比以往任何时期都要艰

辛的努力。为促进贫困地区农民共享现代发展成果。各级政府要把抓好扶贫开发工作作为重大任务,明确扶贫开发的主体责任,要求切实扭转政绩观,贫困地区要把提高扶贫对象生活水平作为衡量政绩的主要考核指标,要看真贫、扶真贫、真扶贫,少搞一些盆景,多搞一些惠及广大贫困人口的实事,精准扶贫补短板。脱贫攻坚一定要扭住精准,区别不同情况,做到对症下药、精准滴灌、靶向治疗。必须在精准施策上出实招,在精准推进上下功夫,在精准落地上见实效。通过发展生产、易地搬迁、生态补偿、发展教育、社会保障兜等方式解决我国农村贫困人口脱贫问题。地方政府要基于贫困地区和贫困人口展开有针对性、有层次性的扶贫,构造立体的扶贫模式,为农村贫困人口脱贫致富提供了保障。

第三节　创新驱动农业农村现代化发展的路径选择

"三农"工作是全党工作的重中之重,是党和国家发展大局的压舱石、定盘星。新常态下,我国农业农村社会发展面临新的挑战,我们要坚持"重中之重"战略定位,切实把农业农村优先发展落到实处。加快推进农业农村现代化,要加强理论思维创新、科技创新、体制创新和制度创新,通过创新激发农业农村发展内生动力和活力,开发农业农村发展新动能,推动农业农村可持续发展,努力开创"三农"发展新局面。

一、加强理论思维创新,提升谋划"三农"发展的能力

依靠创新驱动"三农"发展,理论思维创新是前提和先导。创新思维就是敢于冲破传统思维惯性与逻辑规则的束缚，不因循守旧，敢于推陈出新，以新思路解决问题；就是要破除单一思维定式，善于多角度、多层面思考问题，提出解决问题的新方法和新举措。"三农"问题是一个极其复杂、相互关联的问题集合，由来已久，同时，随着我国农业农村新情况新问题的不断出现，我们必须要加强理论思维创新，提升创新思维能力，冲破"重城轻乡"的思想束缚，树立全国一盘棋、城乡发展"一体化"的大局观念；破除农村"无工不富"的思想禁锢，树立厚植农业农村发展优势的新观念；破除就"三农"论"三农"的单向思维、封闭思维的方式，用多向思维、开放思维谋划"三农"。要把"三农"放到国家经济社会发展大局背景下去考量，注重把农业、农村、农民作为一个整体来统筹，要发展农业、造福农村、富裕农民，把城市和农村作为一个整体去谋划，努力破解"三农"发展中的关键性、瓶颈性问题。在推动农业农村现代化的进程中，我们善于通过科学思维方式分析复杂事物，要增强战略思维、辩证思维、系统思维能力，不断增强决策的科学性、前瞻性、主动性。高瞻远瞩的战略思维。运用战略思维，对"三农"发展进行高瞻远瞩的谋篇布局，深刻阐明了农业安天下、稳民心的重要战略意义，有防患未然的底线思维。要善于运用底线思维的方法，做到有备无患、遇事不慌，牢牢把握主动权。要树立"红线"意识，中国人的饭碗任何时候都要牢牢端在自己手上；既要绿水青山，也要金山银山；宁要绿水青山，不要金山银山等。我们依靠自身力量解决中国人的吃饭问题，统筹经济发展与生态建设要有清晰的底线。科学的系统思维。领导干部要善于运用系统思维，抓住治国理政各领域的关联性、整体性、协调性问题，通盘考虑，全面推进。

二、加快农业科技创新,提升农业现代化水平

依靠创新驱动"三农"发展,科技创新是关键。因此,要加强农业科技体制机制创新,构建现代农业产业技术体系,以科技创新激发农业活力,补充农业产能和农业生态环境的短板。具体来讲:一是创新农业科技投入融资机制。农业科研创新周期长、风险大的特点导致社会资本支持科研创新的力度不大,而我国财政支持有限,创新农业科技投入融资机制成为必须。新常态下,在努力增加财政农业科技投入的同时,还应创新农业科技投入的多元化、市场化融资机制,拓展产业投资基金、科技金融等支持农业科技创新的渠道,鼓励社会资本参与农业科技创新创业。二是推进农业科技体制改革创新。坚持市场需求和产业导向,优化配置农业科技资源,建立政府、科研机构、涉农企业协作攻关的农业科技创新运行机制;完善以知识产权为核心的科技政策,进一步实施专利制度、税收制度等政策,激发科研机构研发人员和涉农科技企业创新的积极性,重点突破生物育种、农机装备、生态环保等领域的关键技术。三是要加强农民科技教育与培训。新型职业农民是农业科技成果的主要应用者。要按照现代农业发展的要求,完善新型职业农民在创业兴农、教育培训、科技服务等方面的扶持政策体系,增强新型职业农民的科技成果应用能力,进一步发挥其引领和带动作用。

三、加快体制机制创新,推进资源逆向汇聚"三农"

依靠创新驱动"三农"发展,体制机制创新是重要条件。在市场机制的作用下,在城市化和工业化的比较收益驱动下,"三农"发展会更加"缺血"。"三农"要发展,必须逆向汇聚资源,完善相应的市场导向机制。在发展机制上,要创造政策推动力和配套的

市场吸引力向农业和农村汇聚资源要素。一方面,让市场在城乡资源配置中起决定性作用,稳步有序地推进建立农村劳动力市场、土地市场和金融市场,加快建立城乡要素平等交换机制,建立城乡要素自由流动、平等交换的市场体系。通过体制机制创新和政策体系的完善,进一步使要素向"三农"流动,促进城市的现代化要素能够更多配置到农业和农村,改变城乡要素配置的效率和效益双低下问题,加快推进农业和农村现代化,真正实现乡村的振兴。另一方面政府要在供给城乡公共物品及公共服务和促进城乡发展公平正义方面发挥作用。在市场配置资源的基础上,政府要发挥其在促进城乡发展公平正义方面的作用,通过税收、财政补贴、公共服务等政策手段提高农业的比较收益,改善农村环境,创造良好的投资环境与制度保障,引导信息、科技、资本等生产要素向农业回流。同时为应对青壮年农民数量短缺,农业从业人员老龄化问题,政府应加紧完善建立青年经营农业的政策激励机制,吸引返乡农民工和大学生等青年到农村经营农业。

四、加快农村制度创新,释放"三农"发展活力

依靠创新驱动"三农"发展,制度创新是保障。做好"三农"工作,关键在于向改革要活力。农村改革千头万绪,体大面广,要破旧立新,不能单打独斗,要注重整体性、系统性、协同性,通过制度创新盘活农村各类资产,激活农村各类生产要素潜能,赋予农民更多的财产权益,为加快推进"三农"提供制度保障。第一,稳定和完善农村土地制度。在稳定农村土地承包关系的前提下,要进一步加快农民土地承包确权登记,维护农民对承包地的使用、流转及抵押权能,鼓励农民在坚持自愿、平等、有偿的原则下流

转土地的经营权，有利于促进土地经营权在更大范围内的优化配置，推动土地经营向集约化、规模化发展，也让流出土地经营权的承包农户增加财产性收入。第二，要加快推进农村集体产权制度改革。健全农村集体"三资"管理监督和收益分配制度，赋予农民对集体资产占有、收益、担保和继承等权利，让农民得到更多的财产性收入。第三，推进农村金融制度改革创新。政府要鼓励和引导涉农金融机构大力开展农村金融产品创新，拓宽贷款的抵押范围，允许农民用住宅权和土地流转经营权等抵押贷款，提升其贷款可行性；完善农村金融服务体系，积极引导民间资本进入农村，推动农村小额贷款公司为农民产业发展提供金融支持。

第三章　创新驱动乡村产业振兴
推进农业现代化

　　推进农业现代化进程,要加快转变经济发展方式,推动农业结构调整,推动乡村产业振兴。产业兴旺关键在质量兴农、绿色兴农,要推动农业由增产导向转向提质导向,根本上就是要依靠科技创新转变发展方式,提高农业创新力、竞争力,因此,乡村产业振兴的过程,实质上是以科技创新为基本动力,以市场为导向的产业转型升级过程。

　　发展多种形式的适度规模经营,培育新型农业经营主体,是发展现代农业的必由之路,也是农村改革的基本方向。要实施新型农业经营主体培育工程,培育发展家庭农场、合作社、龙头企业、社会化服务组织和农业产业化联合体,发展多种形式适度规模经营。加强高质量农业科技供给新型农业经营主体,通过发展多种形式的科技社会化服务,实现专业化经营、标准化生产,生产更多高品质农产品。开展商业模式创新,鼓励新型农业经营主体发展乡村创意农业和特色产业,构建农村各级产业融合发展体系。推动乡村产业振兴过程中,在注重科技创新推进新型农经营主体发展的同时，要注意处理好发展适度规模经营和扶持小农生产的关系。要坚持家庭小农生产为基础与多种形式适度规模经营为引领相协调，要认清小规模农业经营仍是很长一段时间内我国农业基本经营形态的基本国情农情。必须立足农户家庭经营的基本面，要采取普惠性政策扶持措施，培育各类专业化市场化服务组织，提升小农生产经营组织化程度，改善小农户生产设施条件，提升小农户抗风险能力，着力强化服务联结，把小农生产引入现代农业发展轨道、促进小农户和现代农业发展衔接。

第一节　农业科技成果向新型农业经营主体转化的创新驱动路径

　　新型农业经营主体是现代农业发展的主力军，是农业科技的需求主体，是农业科技成果转化的主要对象。当前，随着国内城乡居民对农产品的多样化、优质化、专用化消费的需求，随着当前我国规模化生产的快速发展和农业产业链条的延伸，全国各地涌现出了各类专业种养大户、营销户、农机大户、家庭农场等新型市场经营主体，产生了大批农业产业化组织带头人、农业产业工人和农业技术服务人员。他们将农业作为产业进行经营，从事着以市场需求为导向的专业化生产，并充分利用市场机制和规则来获取报酬以期实现利润最大化的理性经济人，即职业化农民。职业农民具有较强的职业技能和经营能力，有着很强的科技意识，为追求利润最大化，成为农业科技的需求主体，迫切需要农业科技成果转化。然而我国每年出现大量科技成果，成果转化给职业农民的却不高,职业农民的有效科技需求不足,制约了现代农业的发展。目前,农业科技供给与服务、农业科技投资与保障机制、职业农民自身素质、农业生产环境等因素制约农业科技成果向职业农民转化。因此,分析农业科技成果向职业农民的制约因素,找出对策,对加快农业科技成果转化和加快现代农业发展具有重要意义。

一、农业科技成果向职业农民转化的制约因素

农业科技成果向职业农民转化的实质就是供给成果、传播成果和获得所需成果的互动过程。农业科技成果转化过程的成功与否,是由成果供给部门供给成果的质量、传播渠道的通畅性和职业农民的理解接受能力、投资意愿和能力等因素所共同决定的。当前,农业科技成果向职业农民转化面临以下制约因素。

(一)农业科技供给与服务与职业农民实际需求脱节

国家政府的各级各类农业科研机构是我国农业科技成果的供给主体,但长期以来他们作为国家事业单位,主要任务是完成国家下达的科研课题,为科研而科研,与现代生产脱节,缺乏对职业农民生产过程中迫切需要的农业技术的真实感知,导致虽然每年有大量科研成果出现,但与职业农民的实际科技需求脱节。如农业科研目标主要是提高种植业产量,与现代农业和职业农民相联系的农产品优质化、多样化技术、植物病虫害和动物疫病综合控制技术、设施农业综合配套技术、规模化、集约化养殖技术少;大多数科研集中在产中阶段,职业农民急需的农产品贮运保鲜和深加工技术滞后等。同时,政府主导型农业科技服务体系的主要职能是满足各级政府下达的技术推广任务,而较少考虑农民的需求意愿,这样导致农户的农业技术需求行为与技术

推广人员的推广行为存在脱节。传统的"技术示范+行政干预"的推广模式效果不佳,需要探索行之有效的推广方法;农村科技服务手段落后,信息化、网络化程度不高,农业科技成果的传递者和职业农民尚未建立起有效的沟通传递机制。

(二)农业科技投资与保障机制不健全

相对于其他产业来说,农业生产经营的自然风险较高,农民不仅经常面对各种极为不利的自然条件, 面临着相对较大的市场风险, 而且常常会遭受各种社会和经济的不确定性造成的风险。农业生产经营不但风险性高,而且其回报周期也较长。由于投入和产出两方面都面临市场价格的不确定性,再加上职业农民大都是规模经营,使职业农民吸纳新技术时面临巨大的风险。目前我国还没有形成完善的农业技术风险投资与保障机制,在缺乏政府支持和保护前提条件下,农业生产的经益很不稳定,农业技术应用的风险性制约职业农民的科技需求。

(三)农业生产要素市场不健全

农业生产环境不优化,法制建设滞后,影响了职业农民经营规模的扩大,制约了投资农业科技的积极性。

1.土地市场不完善,土地使用权流转机制不健全。职业农民需要一定生产规模做基础。目前,我国农村土地市场普遍发育不够完善,存在着诸如土地流转量小、流转周期短、流转土地质量差、流转土地价格波动大等问题,不利于职业农民对农业科技成果的运用和提高单位面积土地的经营效益。

2.农业技术市场不健全。由于我国农业技术市场处于起步阶段,农业技术市场还不健全:在全国范围内还没有形成全国性的"大市场",单个"小市场"各自为战,发展带有相当的盲目性,缺乏科学有效的调控、激励与监督机制、技术的评估与咨询机制、风险投资与保障机制、信息反馈机制,这严重制约了农业技术市场的发展;运行中管理制度不规范、不健全,农业技术市场经营人才匮乏, 严重影响了农业技术市场基本功能和潜在能力的发挥。由于农业技术市场不健全,各种低质、劣质农业技术充斥市场,损害了农户的利益,而且适应市场经济运行的行政管理体制还未完全建立起来, 不规范的农业技术市场秩序加大了采用农业技术的风险,制约了职业农民采用新技术的积极性。

3.我国针对农户的信贷服务还不完善。相对充裕的资金是职业农民扩大规模采用新技术的前提和保障, 但当前我国针对职业农民的信贷服务还不完善, 资金不足已成为影响职业农民投资农业科技的因素之一。

(四)职业农民综合素质较低

由于长期城乡二元经济导致城乡差别甚大, 农业成为弱势产业,农村成为薄弱地区。我国目前每年初高中毕业生未能继续升学的人数在 500 万左右,这其中大部分是农村学生。这些农村两后生中的绝大多数在结束求学后选择"跳农门",进城务工,愿意留在农村务农的比例很低。职业院校农业人才长期存在的"招不来、下不去、留不住"的问题仍没有得到很好的解决。与此同时,当前我国职业农民的教育培训仍存在规模小、投入不足、法制建设滞后等问题, 导致致力于农业生产的职业农民整体年龄偏大、素质结构性下降,与发达国家相比差距很大。虽然职业农民有丰富的种养殖经验,有专门的劳动技能,有一定的经营管理头脑,但由于农民我国职业农民总体上受教育程度低,培训少,对农业科研成果的消化吸收能力较弱, 制约了农业技术的推广与扩散,制约了农业科技成果的转化。

二、创新农业科技成果向职业农民转化的路径选择

职业农民是现代农业生产的主力军,在现实农业生产中具有强大的示范和引领作用。针对当前农业科技成果向职业农民转化的障碍分析,积极探求农业科技成果向职业农民转化的对策,使农业科技创新成果通过他们落实到农业生产中,传导到千家万户,将进一步推动现代农业发展和增加农民收入。

(一)增加农业技术成果的有效供给,为加快农业科技成果向职业农民转化提供重要前提

提供满足职业农民真正需要的技术是加快农业科技成果转化的基础和前提。为此,必须深化农业科技体制改革,改革现有的远离农民、远离市场的农业科研体制,促进农业科研与农民生产的紧密结合。首先,建立农业技术供给和职业农民需求的沟通和交流机制。鼓励更多的科技研发工作者深入到田间地头,考察、了解农户在实际生产中存在的问题。只有获得准确的技术需求信息,才能提供职业农民最需要的技术。同时,吸纳职业农民参与农业技术研发过程。由于职业农民具有丰富的生产和经营经验,而且直接面向市场,因此作为生产者和经营者的职业农民不应该成为单纯的、技术成果的接受者,除非是涉及农产品安全性或国家农业发展目标。农业研究课题可以吸纳职业农民参与农业技术创新过程,把农民对市场信号的反应有效地传递给农业技术创新者,并对创新者的创新活动产生激励。其次,调整农业科研方向和重点。加快农业科技创新平台建设,引导涉农企业开展技术创新活动。农业技术的研发应适应现代农业发展的客观要求,以农民的实际需求为前提,以增加农民收入为目标,调

整农业科研方向和重点。加大农业产前、产后、农产品质量和农业高新技术研究的资金投入,促进产、学、研的有机结合,改变两张皮现象。

(二)构建完善的农业科技推广与服务体系,为加快农业科技成果向职业农民转化提供支撑

在实施科技成果向职业农民转化的过程中,需要借助比较发达的推广和社会服务体系,推广和社会服务体系越发达、越健全,就越有利于成果转化。首先,针对原有的基层推广体系队伍不稳、机制不活、条件不佳,推广效果不好,需要政府大力支持并从体制上进行改革。推进农业科技推广服务组织创新,围绕特色优势产业,组建由教育、科研、推广机构和行业协会等多方参与的区域性专业性科技服务组织,建立和完善首席专家、推广教授、科技特派员、责任农技员制度,构建农科教、产学研一体化的新型农技推广体系。提高基层农技人员待遇,优化基层农技队伍。鼓励科技人员以技术参股与农户、企业结成利益共同体,实行风险共担、利益共享,这样能够调动科技人员的积极性,也能够缩短科研成果的转化路径。其次,探索适应职业农民技术需求的多元化的技术推广服务模式。既要搞好产前信息服务和农资供应,又要搞好产中技术指导和产后加工、营销服务;除在农闲时节邀请农技专家下乡为农民开设"田间课堂"外,还可以组织农民到当地农业产业园区、示范区等进行实习;抽调理论水平高、实践经验丰富的技术业务骨干,实行上门培训服务,扎实推进现代农业教育资源进村入户。再次,进一步拓展面向农民的技术信息网络建设。以农民技术需求为导向,构建以政府为主导的开放式的信息平台,增加信息技术内容,保证职业农民能够最大

的技术选择空间。加强涉农龙头企业、专业合作组织、农村经营大户的信息培训，让他们掌握收集、分析、传播信息的基本技能，提高信息网络科技管理和服务水平。

（三）加快教育与培训，为促进农业科技成果向职业农民转化奠定基础

职业农民是现代农业的主体，对当前职业农民进行教育和培训，造就一支有知识、懂技术、善管理的现代化新型农民队伍，从农户角度形成对农业科技成果的有效需求，提高职业农民认知、采纳和应用先进技术的能力，是提高我国农业科技成果转化率的必要措施。

1.要加强农村教育基础设施建设。大幅度提高农民教育培训的财政投入，加强县乡村三级农民教育基础设施建设和现代远程教育设施建设，构建农民终身教育平台。

2.创新农民教育模式。农业职业院校、农民教育培训专业机构要以农业产业需求为导向，不断推进"送教下乡""半农半读"等人才培养模式改革，让农民在家门口就地就近接收职业教育。

3.大力加强职业技能培训。依托各地农业技术中学、当地农业技术推广机构的农业技术培训中心和农业科技园等农民教育培训资源，通过示范和实际操作，以规模化、集约化、专业化、标准化生产技术，以及农业生产经营管理、市场营销等知识和技能为主要内容开展系统化职业技能培训，培养适应现代农业发展要求和符合市场要求的职业农民。

（四）加大对农业生产的扶持政策，是增强职业农民对农业科技的投资的关键

农业科技成果转化成功实现的根本在于职业农民基于其利

益考虑的实际采用。职业农民作为市场经济下的自由投资者,他们投资农业科技的主观动力来自对经济利益的考虑。不仅要考虑技术投资的低成本,还要考虑技术应用后的收益和风险。积极推进建立完善投资补贴、风险支持、信息服务等内容的综合扶持政策体系,从经济利益上刺激其投资农业科技的主观动机,是加快农业科技成果向职业农民转化的关键,主要有以下措施。

1.加强和完善农村基础设施和物质装备建设。农村基础设施和物质装备具有促进农产品市场流通、抵御自然灾害和便于农业科技成果传播等功能。各级政府要加大资金投入,改善农村地区的交通条件,加快基本农田改造、完善灌溉设施建设等方面的工作,为职业农民投资农业科技创造良好的客观环境。

2.政府对职业农民在农业生产和科技投资上实行补贴。向种粮大户、农民专业合作组织和社会化服务组织带头人等职业农民实行良种补贴、农机补贴等,根据需要适时建立主要农产品的生产补贴制度和农业生产资料市场价格的补贴制度,稳定农产品的市场销路和价格,支持农户实现科技投资效益。

3.鼓励职业农民承担农业项目,并在信贷发放、土地使用、税费减免、技术服务等方面给予优惠。鼓励职业农民根据当地资源禀赋、产业基础和市场需求,积极拓展农业的多种功能,大力发展健康养殖业、农家乐休闲观光农业和农产品精深加工业。

(五)创设良好的制度环境,为促进农业科技成果向职业农民转化提供保障

政府部门要制定和完善相关制度和法律法规,并确保各项政策、法规执行过程中的连贯性,为职业农民从事生产和经营创

设良好的制度环境,为加快农业技术投资和应用提供保障。

1.建立规范农业技术市场的法规体系。相关部门应加大对农业技术市场的整治力度,并出台调节市场交易秩序、优化技术市场氛围的法规和制度为农业科技成果采用创造良好的社会环境。要致力于健全农业技术以及农产品交易的市场机制,营造主体平等、职责清晰的市场环境。在市场经济条件下,要推进农业科技进步、实现农业结构调整的目标,必须按照"放开、搞活、扶植、引导"的方针,加快培育技术要素市场,提高人才、技术、信息和资金等生产要素的配置效率,为农民进行农业结构调整搭建平台。首先,完善农业技术市场供求机制。当前,我国农业技术市场存在需求不足、供给不畅、中介不力等问题。政府要广辟渠道,形成以政府拨款为主,科技贷款、企业和社会投入等多元化、多层次、多渠道的农业科技投入与创新体系以增加市场供给;通过多种渠道提高农民的科技素质及其对技术商品的需求动力以增加市场需求;通过发展多种形式的技术交易中介组织,强化农业技术市场的中间环节。其次,完善管理机制。我国农业技术市场处于起步阶段,政府有关部门必须大力支持和正确引导,为技术市场发育创造良好的外部环境,加强农业技术市场管理与监督,维护市场交易秩序,确保农业科技成果按市场机制公平有效交易,维护技术交易主体的权益。增强农业技术市场对技术开发及科技成果转化的供需调节功能,完善农业技术商品的价格评估办法;加强农业技术市场管理体系和队伍的建设。再次,逐步完善农业技术市场的运行机制。逐步建立和完善农业技术价格形成机制,农业专利或专有技术实行市场定价,价格由供求双方协商确定;对其他物化性农业技术,应建立科学合理的估价系统,使农业技术价格对农业技术供求形成自动调节。明确界定农业技术产权,保护农业技术持有者、采用者的合法权益。对农户而言,农业新技术的应用产权越明晰,越有利于保证最早采用新技术所产生的收益。建立健全农村技术市场体系。

2.建立土地商品化与自由流转机制,扶持和发展农业适度规模经营。建立健全地价评估机制,确立科学的评估方法,使农地估价有章可循;健全土地使用权流转市场运作的立法、执法和仲裁机构建设,加强地籍管理;在尊重农民意愿的基础上通过相关制度创新引导规模经营的农户扩大经营规模,实现土地资源的优化配置,为先进技术的采用提供良好的环境。

3.完善农业技术风险机制,积极探索和建立农业政策保险制度。当前,随着我国农业结构调整的推进,农民对农业科技的需求在增加。但是,我们必须清醒地意识到,技术的运用带来的不仅仅是收益和效率,其背后还隐含着风险。如何规避农业技术应用中的风险,应该成为现阶段政府和农户考虑的一个重要问题。当前迫切需要以政府为主导建立农户技术采用风险防范机制,从各方面创造条件,促进农业科技需求的产生,并尽可能降低农户在农业科技应用的风险。首先,应加强自然灾害和重大动植物病虫害预测、预警应急体系建设,注重信息的传递,提高农业防灾减灾能力。其次,建立完善以国家财政收入支持为依托,以商业保险公司为辅助,吸引农户积极参与的新型农业保险制度,农户就有了采用新技术的基本保障,客观上会大大加快技术进步。再次,建立农业高新技术采用风险储备金制度和农产品风险基金制度,对农业科技风险进行适度转移,减少农民的经济损失。当出现较大的风险和自然灾害时,给予农民适当补偿,另外允许农业科技服务经营实体按规定在税前提取农产品风险基金。对职业农民采纳农业新技术提供相关的保险，可以大大降低采纳新技术的风险，对于加快农业新技术的转化进程具有强大的推动作用。

第二节　农户在农业结构调整中面临的困境及创新驱动路径

农业结构战略性调整是发展现代农业、增加农民收入和促进农村可持续发展的重要手段，事关大局。农户是农业结构调整的主体，但由于农业的特殊性，调整农业结构应在政府指导下进行。当前，农户在农业结构调整中存在诸多困境。政府应在尊重农民的主体地位的前提下，对不适应结构调整的体制和制度进行相应的改革和创新，强化政府的引导、服务和调控作用，帮助农户走出困境，加快结构调整的进程。

一、农户在农业结构调整中面临的困境

据第三次全国农业普查，到 2016 年底，全国小农户数量占农业经营户的 98.1%，小农户农业从业人员占农业从业人员总数的 90%，小农户经营耕地面积占总耕地面积超过 70%，小农户三大谷物种植面积占全国谷物总播种面积的 80%。目前，我国有 2.3 亿农户，户均土地经营规模 7.8 亩，经营耕地 10 亩以下的农户 2.1 亿户。由于农业结构调整本身是一项综合性系统工程，在当前情况下，农户在农业结构调整中面临很多制约因素，存在诸多困境。

第三章

创新驱动乡村产业振兴

推进农业现代化

(一)农民组织化程度低、分散经营风险大

我国农村农户的组织化程度低，这种分散经营的小农经济给农户进行农业结构调整带来了很多困境。一是市场风险大。由于我国分散的成千上万的市场主体受市场价格和利益的诱导，相互之间缺乏信息联系，因竞争而排斥或缺乏合作，导致农户生产出来的农产品顺利卖出的不确定性增加。二是资金缺乏。农户进行农业结构调整是需要一定量资金的，但由于单个农户本身的资本存量过小，再加上农村金融市场落后，农村的融资渠道很少，单个农户贷款很难，导致很多农户因资金缺乏而不能进行结构调整。三是增收困难。许多农产品由于经营分散，不成规模，产量低，不利于建立和完善农产品流通体系。由于农产品不能批量外销，只能在乡村农贸市场上销售，经济效益很低。分散化经营也不利于发展农产品加工业，延长产业链，实现产品增殖和拓展市场，农户增收困难。

(二)农业结构调整的市场供给机制滞后

我国农业结构调整的市场供给机制滞后，导致广大农民由于信息不灵、技术缺乏、资金短缺、销售不畅等原因，农业结构调整往往存在着盲目性和从众性，出现了几乎年年出现大热大冷的现象。市场供给机制滞后主要表现为：一是信息市场发育不健全。结构调整中，要使千家万户的小生产适应千变万化的社会化大市场，信息是一个关键性的因素。只有农民获得真实、准确的产品和要素的价格信号，才能准确有效地形成有关成本、风险和收益的预期，去安排生产经营，解决农户微观决策与宏观供求关系的矛盾。但是我国农村经济信息发布、传播的覆盖面狭窄，直接为农民服务的市场供求、科技等方面的信息远远不能满足需要。在实践中，由于信息滞后，及易一哄而上一哄而下，造成市场均衡的脆弱性和市场进入的盲目性，严重影响了农民收入的稳定增加。二是销售市场发育不全，价格形成机制不规范。农民最担心的是农产品"卖难"问题。在广大农村，农产品主要在乡村集贸市场销售。乡村集贸市场设施落后，农产品的吞吐能力弱，流通不畅，农产品销售困难。在价格形成机制方面，定价的随意性较大，质量差价没有拉开，特别是农民调整结构、采用新技术、引进优质新品种所承担的自然、技术、市场等方面成本得不到应有的经济补偿，风险与收益严重不对等，极大挫伤了农民的积极性，结构调整也无从谈起。三是农业结构调整的技术推广与服务不利。农业科技推广与服务部门是提高农民科技素质的重要力量，但在实际工作中面向农村、为基层服务的农业科技体系面临着"网破、线断、人散"的困难局面。当前，我国农业科技推广与服务存在的主要问题有：①农技推广体系职能定位不清。科技推广人员既是推广人员，又是其他机构的人员，层次不清，效率低下。②农业科技推广与服务人员缺乏。现有的机制还没有把技术创新与技术创新者的利益结合起来，农业科技推广人员收益偏低，使得农业科研部门优秀人才流失多，一些重要学科后继乏人。③农业科技服务供给与农民的需求脱节。长期以来，政府主导型农业科技服务体系的主要职能是满足各级政府下达的技术推广任务，而较少考虑农民的需求意愿，这样导致农户的农业技术需求行为与政府、科研人员及技术推广人员的科研与推广行为存在着脱节，政府农业科技服务供给失衡影响农民农业科技运用。

第三章

创新驱动乡村产业振兴
推进农业现代化

(三)农民自身素质束缚了农业结构调整

农民是农业结构调整的主体。农民科技素质高低直接制约了农业结构调整的进程和农村生产效益的提高。农民科技素质高的话,对新科技、新成果吸纳和应用能力也比较强,能有效地掌握科学知识和技能,有利于农业技术传播、扩散与普及,推进农业科技转化为生产力的实现程度,加速农业结构调整的进程。但目前,我国农民科技素质低的现状束缚了农业结构调整。我国农村劳动力教育程度较低,文盲率为7.8%,小学文化人员比重为30.9%,初中文化人员比重为42.3%,而高中文化人员比重只有13.5%;农村劳动力培训程度较低,有45.3%的人没有接受过任何培训,25%的人只接受过不超过15天的简单培训,接受过正规培训的人员仅占13.1%。大多数农民的种植、养殖等农业生产技能一般是世代相传的经验,很少运用现代农业科技的发明成果,造成了许多先进的农业技术成果和农机装备无法应用推广。由于缺乏正规和系统的职业技术培训,难以高效利用农业资源。农民技术素质低还会影响到农民获取信息的能力,缺乏对未来进行结构调整的预见性。

(四)农业结构调整中政府管理缺位和越位

在农业调整的实践中,有些地方政府没有从计划经济时期形成的思想观念中解放出来,往往愿意包揽一切,给出过多的行政干预,而在农民急需的信息和销售等问题上,给予的指导又偏少,即在农业结构调整指导问题上"越位"与"缺位"并存。一方面,一些地方的集体经济组织以调整农业结构为名,存在"越位"行为。有的地方政府号召"压粮扩经",出现了新的结构趋同;有的地方政府简单地搞"政府包办",把自己的主观愿望强加在农民身上,忽视市场需求;有的地方政府甚至把调整农民种植结构搞成了自身的"政绩工程",要求农民按照他们的要求搞整齐划一的种植或规模较大的集中养殖,结果受害的还是农民,既影响了干群关系,又影响了农民的结构调整的积极性。另一方面,在农民急需的产、供、销等方面的服务上,农村集体经济组织的功能并未有效发挥,"缺位"问题尤为明显。没有给农民提供及时必要的信息,仅仅关注种植,忽视加工转化增殖。许多地方的农业结构调整往往就农业抓农业,很少关注农产品加工和流通环节,与结构调整形成强烈反差。结果,农业结构调整中仍然没有摆脱小农户与大市场的对接矛盾,农民没有机会分享加工流通环节的利润。有的地方虽然注重了农产品加工业的发展,但往往是围绕农业办工业,没有从根本上确立"围绕市场办加工,围绕加工抓调整"的意识,导致农业结构调整空间有限。

二、农户农业结构调整的创新驱动路径

农业本身是一个与众不同的产业和特殊的经济类型,具有独特的约束、风险、劳动条件,任何一个国家的农业都不是在完全的市场经济体制下发展的,特别是我国农民素质普遍较低,市场发育不完备,调整农业结构应在政府指导下进行。当然,政府不能包办代替,对农业的干预以不打破农产品交易市场机制为限。政府在推进结构调整时,在尊重农民主体地位的前提下,应当发挥政府的引导、服务和调控作用,加快农户进行结构调整的进程。

(一)强化农业科技创新,为农户进行农业结构调整提供支撑

农业结构调整的成效如何,关键要看科技在农业中的贡献

份额。当前,一方面,农民缺乏及时有效的科技管理,直接制约了农业结构调整的进程和农村生产效益的提高;而另一方面,大量的科技人员开发的农业科研成果远离农民,难以转化为现实生产力。因此,政府要紧紧围绕农业结构调整的目标和农户的科技需求,发挥在农业技术进步中的主导作用,增加农业公共技术投入,做好农业科技创新、引进和推广工作,为农户进行结构调整提供强大的技术支撑,具体来讲有以下措施。

一是加大农业科技研发投入力度。中央和地方政府要逐渐加大对农业科技研发资金的投入,为农业科技发展创造必要的物质技术条件。同时,还要拓宽农业科技资金的筹集渠道,鼓励和吸引社会多方面资金用于农业科技开发,逐步形成多元化的农业科技投资体系。二是推进农业科技管理体制改革。政府要优化配置农业科技资源,建立开放、流动、竞争、协作的农业科技运行机制,逐步形成适应农业结构战略性调整的新型管理体制。三是要切实做好科技创新的"战略重点转移"工作。政府要围绕结构调整和产业升级,调整农业科研开发的方向与重点,从过去提高产量、增加供给转移到更加注重提高质量、降低成本、提高效益和促进可持续发展上来。四是建立健全农业科技推广体系。政府尤其要加强以县、乡两级为主的各级推广机构建设。其中,县农技推广中心应成为集种子、栽培、土肥等专业技术服务于一体,实行试验、示范、培训、推广和有偿服务相结合的业务实体。在乡镇级要建立以农户为中心的技术推广新机制,扎扎实实办好试验示范基地,培养科技示范户。同时,要转变农技推广机构的职能。要采取有效的方式将农技推广机构和农民组织起来,双方投资,风险共担,结成利益共同体,从而使农技推广从单纯的生产技术指导向全面的经营管理服务转变。

(二)加快市场化培育,为农户进行农业结构调整搭建平台

在农业和农村经济结构的战略性调整中,市场机制是最基本的动力机制,如果市场机制得不到应有的发育,那么以市场为导向的结构调整就失去了最重要的基础,区域化布局和比较优势的发挥也就无从谈起,结构调整就容易陷入数量框架内的增减变化,不可能取得令人满意的效果。实际上,通过市场机制配置资源,不仅可以使稀缺资源得到最大限度的利用,而且可以对农业和农村经济结构调整加以检验并进行选择。政府必须按照市场经济规律,加快培育要素市场,为农民进行农业结构调整搭建平台。

一是完善农村金融服务体系。目前及今后相当长时期内,农民进行经济结构调整缺乏的是资金,急需国家加大改革的力度,积极引导有关金融部门改进农村信贷服务,在保障资金安全的前提下,加大对农业结构调整的支持力度,从农村实际出发,简化手续,减少环节,降低门槛。通过小额贷款等形式,支持农户自主地调整生产结构,发展高效农业。二是加强市场信息化体系建设。为了适应战略性结构调整和农村经济发展,政府要尽快建立和完善国家与地方农业信息网络,进一步扩大和完善农产品市场信息网,形成农业市场化要求的信息传播系统,加强信息预测、收集、发布活动,因地制宜地采取多种形式向农民及时传播市场供求信息。三是加快土地市场化流转。政府应出台土地流转法律法规,规范土地使用权流转市场,建立相应的监督管理组织和协调机构。农村土地使用权流转要在农民自愿的基础上规范

第三章　创新驱动乡村产业振兴　推进农业现代化

进行。农村土地流转必须按规范的操作程序进行,实施农村土地流转登记制度,明确流转双方的权利和义务以及违约责任,使土地流转在依法、自愿有偿的原则下合理、有序、健康地进行。通过土地由分散经营向集中经营的再分配和再调整,以实现农业调整的需要。四是加快农业技术市场建设。我国农业技术市场处于起步阶段,政府有关部门必须大力支持和正确引导,为技术市场发育创造良好的外部环境,加强农业技术市场管理与监督,维护市场交易秩序,确保农业科技成果按市场机制公平有效交易,维护技术交易主体的权益。逐步建立和完善农业技术价格形成机制,使农业技术价格对农业技术供求形成自动调节。

(三)加强对农民的教育和科技培训,为农户进行农业结构调整奠定重要的基础

农业结构调整的新阶段,需要更多的农业高新技术和现代管理技术,而这些技术又需要有较多的文化和科技知识的农民才能掌握。政府不仅应组织农业科技人员,通过加强科普宣传,引导农民转变传统的小农意识,树立现代、市场的科学意识,激发农民潜在的致富欲望和创新能力,政府还有必要建立一个以基础教育为依托,以农村职业教育为主体,以科技普及、培训和推广为重点的农村教育体系,造就一批有知识、懂技术、会管理的新型农民。

一是优化农村教育结构。政府在继续加大基础教育、职业教育和成人教育的投入前提下,通过完善农民教育的法律、法规和制度建设,充分发挥各种教育优势,实现基础教育、成人教育、职业教育"三教"统筹,及时适应科技进步、结构调整和市场需求,有针对性地培养各类实用型农业人才。二是要加大对农民科技

培训的力度。政府要加大对农民科技培训的投入力度，推广普及农民用得起的实用技术，重点向农民介绍一些农田科学管理、节约用水、科学施药施肥、科学饲养、病虫害综合防治等实用技术，提高农民把握新品种、新技术和实用技术的能力，促进农业结构调整和增加农民收入。地方政府根据地区农业发展的主导产业，培养能掌握主导技术的具有较高素质的新型农民。充分发挥农民专业协会(合作社)在农村职业技术教育中的积极作用，通过典型示范、举办科技培训班、提供技术咨询、发放各种宣传资料、传播科技知识和信息等，指导农民科学种田和进行农业结构调整。龙头企业、产业协会等农业产业化组织具有联系面广、服务直接的优势，在培训农民方面比较有效，龙头企业可通过"订单式"培训，紧紧围绕着产业所需的科技知识和经营管理能力培训农民。

(四)完善市场与农民组织和扶持政策，为农户进行农业结构调整提供保障

由于我国农户生产经营规模小，分散经营以及无序竞争和控制风险能力较差等组织形式缺陷，"小生产"与"大市场"间的矛盾越来越明显突出，农民的合理利益也难以得到有效保护。政府要完善市场与农民组织和扶持政策，为农民进行农业结构调整提供保障。

一是加强市场服务职能。在发挥市场机制在资源配置上的基础性作用的同时，应当加强政府在市场服务方面的职能，包括提供市场信息服务等，以指导农民进行正确的农业结构调整行为，降低风险。二是引导发展农民专业合作组织。由于农业产业化经营可以降低农民进行结构调整的盲目性和风险，可以有效

规避千家万户的小生产直接进入千变万化的大市场带来的风险。政府要鼓励农民在自愿基础上发展农民专业合作组织,把分散的弱势农民联合起来,提高农民进入市场的组织化程度,实现让分散的农户经营与广阔的市场有效对接, 降低进入市场的风险成本和交易成本。同时政府还要加强对各种合作组织的支持,包括法律法规支持和保护,在管理技术方面提供培训,在税收方面给予适当的优惠等。

第四章　创新驱动乡村生态振兴
建设美丽宜居乡村

　　乡村振兴要实现生态宜居,就是要尊重自然,顺应自然,保护自然,确保农村良好生态环境这一乡村最大优势和宝贵财富;就是要加快建设农村生态文明,推动农村生态振兴,创造经济社会与资源、环境相协调的可持续发展模式。当前,农业持续发展、农村环境保护和农民能源利用方式迫切需要科学的生态伦理观念指引,需要科技的支撑。首先,应对农业面源污染等突出环境问题,增加农业生态产品和服务供给,需要技术的支撑和创新的推动,需要生态发展方式,促进生态和经济良性循环。生态农业是实现食品安全和现代农业持续发展的重要条件。科技进步是推动生态农业发展的重要支撑。目前我国生态农业科技创新和推广还不够完善,作为公益性的生态科技投资与保障的法规政策不健全,生态技术应用受到很大制约,使得农业科技难以发挥其应有的支持作用。通过加大对生态农业技术的有效供给、加强对农民生态科技培训、完善生态科技投资与保障法律政策体系等措施促进生态农业发展。再次,针对当前农村生态文明建设的科技需求,我们要以科技进步为动力,推动农业可持续发展;以科技进步为支撑,治理农村环境污染;以科技创新为途径,优化农村能源消费结构;以科技教育为手段,提高农民科技素质。

第一节　农村生态文明建设的科技需求及创新驱动路径

党的十八大报告已经提出了建设生态文明的目标,没有农村生态的良好,全国生态就难以达到良好,特别是随着农村工业化的迅速加快,农村的生态破坏、环境污染、资源浪费等现象非常突出,制约了农村经济的可持续发展,推进农村生态文明建设显得非常迫切。农村生态文明建设是一项重大的社会系统工程,它需要诸多部门和领域的协调推进。在科学技术日益渗透到社会系统的各个领域的今天,科学技术成为推动人类社会进步与文明发展的巨大动力,构建农村生态文明就必然离不开科学技术的支撑和推动。如何积极利用现代科技,使科技的应用既有利于提高农村生产力又能保护生态环境,实现农村的可持续发展,是农村生态文明建设的关键所在。

一、农村生态文明建设的科技需求

改革开放以来,农村生态环境恶化已是不争的现实,而其得不到真正治理的主要原因是科技发展的滞后。落后的科技水平会导致落后的生产方式,无法提高资源的利用率,却增加了排放到环境中的污染物;落后的科技水平会导致能源利用方式单一。农村生态文明建设现状迫切需要科技的支撑。

（一）农业发展对科技的需求

没有产业的支撑,农村生态文明的建设无异于空中楼阁。农业是农村的基础产业,农业生产方式的改进与创新,是农村生态文明建设的根本途径与方法。由于我国农村人多地少,农业长期以种植业为主,经济发展方式粗放,土地利用强度加大,耕种期过长、过密,掠夺式耕种使可耕地肥力衰退,这已成为我国实现环境与经济协调发展的首要问题。一些化学农药在发挥作用的同时,导致了土壤板结和农药残留等后果,阻碍了农业的持续发展。落后的农业生产方式,不仅导致有限的农业资源浪费严重,而且使本来日趋恶化的农村生态环境问题更加突出。农业生态文明是农村生态文明的基础,如果农业生产中的环境问题不能得到控制,农村生态文明的建设是无法实现的。由于我国将长期存在着对农业高增长的要求与农业生态对农业经济增长的强硬约束的矛盾,要解决这个矛盾迫切需要现代科技。一方面利用现代农业科技成果的推广和普及,稳定播种面积,优化品种结构,提高单产水平,从根本上夯实粮食增收的基础,确保国家粮食安全。另一方面针对目前农业生产中污染和浪费的现象,急需节约和环保型新技术的发明与推广。特别需求优质新品种的选育、节水技术、农产品精深加工和储运技术、生态环境治理、防沙治沙技术等方面的技术攻关和成果推广,用以降低农药、化肥、农膜污染的影响,改善土壤、水体和空气环境质量,推进农业可持续发展。

（二）农村环境保护对科技的需求

"垃圾成堆,路脏泥泞,鸡鸭鹅狗,水土污染"是一些农村地区存在的普遍现象。不仅如此,我国每年约产生农业废气物 40

多亿吨,其中包括畜牧粪便排放、农作物秸秆、废弃农膜等塑料、肉类加工厂废气物、蔬菜废气物等,这既是很大的污染源,也是很大的生物质资源。由于缺少政府引导,缺乏优惠政策和研发资金,我国没有专门从事农村生态环境保护技术研究的机构。我国农村环境保护大多是直接套用城市环境保护的办法,很少重视和开展农村环境保护的科技创新,致使农村生态环境保护工作尚未建立起配套的科学技术支撑体系,农村环保适用技术的开发和推广成为农村环境保护的薄弱环节。要达到农村村容整洁,创造良好的生态环境和整洁的生活环境,农村环境的压力迫切需要大力推广生态施肥和病虫草害生态控制技术,推广生活污水、生活垃圾、畜禽粪便、作物秸秆生产生活废弃物无害化处理与资源化利用技术,把农村"三废"变"三料",即农村畜禽粪便、农作物秸秆、生活垃圾和污水变成肥料、燃料、饲料。以"三节"促进"三净",即节水、节肥、节能促净化水源、净化农田和净化庭院,从根本上解决农村污染和环境保护,建立起环境友好的社会主义新农村。

(三)农民能源利用方式对科技的需求

农村生态文明建设需要节约能源、开发新能源。在我国农村很多地方,农民利用的能源主要是薪材和煤炭,液化气、沼气、电气等清洁能源利用率则不高。随意焚烧秸秆、稻草等农作物的现象屡禁不止。我国农作物秸秆利用极不合理,40%未被有效利用,大量被作为燃料焚烧,不仅资源没有得到有效合理的利用,而且对环境造成了污染。除此之外,许多乡镇没有建立起沼气系统,未能有效利用人畜粪便、秸秆等转化为照明、燃料能源。科学技术可以使废物资源化,不仅能使废物问题在生产过程中就得到解决，而且能发现废物的其他价值，使废物的排放达到最小化。要建设农村生态文明，迫切需要开发紧缺资源替代技术，通过现代技术手段将凝结在农作物以及农业副产品、剩余物、废弃物等中的生物质能开发出来，将其转化为可供农民直接利用的能源，缓解农村经济发展中能源短缺问题，促进农村的可持续发展。

二、科技进步推动农村生态文明建设的路径选择

我国农村面临的现状是无论在生产过程中，还是在生产之后的科技水平都远远达不到建设生态文明所要求的标准，我们要认真贯彻落实科学发展观，坚持可持续发展原则，在大力发展科学技术的同时，注重人文社会关怀，通过科技进步，提高农民科技素质、转变农业生产方式、优化能源利用结构和增强治污能力，建设经济活动与生态环境有机共生、人与自然和谐相融的生态农村。

(一)以科技进步为动力，推动农业可持续发展

农业可持续发展是农村生态文明建设提供重要的物质基础。可持续农业要求在强调农业发展的同时，重视自然资源的合理开发和环境保护；在增加生产和提高人民生活水平的同时，合理利用、保护和改善自然资源和生态环境，不仅要保持持续增长的农业生产率，还要保护稳定的土壤肥力，保持健康协调的生态环境和资源利用。为了达到农业可持续发展的要求，我们要增加绿色农业科技的投入，改变过去粗放的生产方式，发展生态农业。即要利用传统农业精华和现代科技成果，通过人工设计生态工程、协调发展与环境之间、资源利用与保护之间的矛盾，强化生态过程，实现清洁生产，提高资源利用率，合理利用农业废弃

资源,合理提高水和耕地利用率,实现生态的良性循环与农业的可持续发展。当前,在突出农业对生态环境的维护功能,强调人与自然和谐发展的同时,我国发展生态农业战略应采取以下举措:一是深化农业科研、技术推广机构的改革。提高科技推广人员的素质和效率,采取激励机制,推动农业科技人员深入生产一线,实现技术与农民对接,推动农业结构的不断升级换代,推动农业的可持续发展。二是推进生态农业发展的技术集成体系建设。在土地、水资源有限的情况下,发展可持续发展的现代农业要以提高农业资源利用效率为核心,以节地、节水、节肥、节药、节能以及农业资源的合理利用和循环利用为重点,从技术方面推进农业可持续发展。不断提升农产品的技术含量,拓展农业空间的技术集成与创新,为发展农业可持续发展提供技术支撑。三是积极推进农业产业化经营。农业产业化经营有利于清洁生产技术和废弃物资源化技术在农业中的广泛应用,便于域内相关产业之间的耦合,同时,生态农业的发展也会加快农业产业化升级,两者相互间协同发展,必将促使我国农业真正走上可持续发展的道路。第四,合理确定未来农业生物技术创新的优先领域,在动植物品种选育、农业资源高效利用、现代集约化养殖技术、农业生物灾害防治等方面取得突破。加大新品种、新技术、新成果的引进、转化运用,充分挖掘现有品种、技术、成果的生产力潜力。

(二)以科技进步为支撑,治理农村环境污染

科技进步是保护生态环境的有效途径。要提高农村生活污水处理率、生活垃圾处理率、畜禽粪便资源化利用率、测土配方施肥技术覆盖率、低毒高效农药使用率,必须依靠农村环保实用

技术的研发和推广。加强农村环保科技工作,要做好以下几方面工作:一是加大对农村环保技术研究机构的投入,将科研资源配置向农村环境保护技术研究倾斜,不断壮大农村环境保护科研机构和研究队伍,提高农村环保技术创新能力。二是鉴于农村的实际情况,环境治理的设施规模和成本要小,且操作性要强,应大力引进各类绿色新科技、新工艺、新产品,推广成熟的绿色农业技术,如畜禽粪便和秸秆综合利用技术、土壤污染控制技术、农药残留速测技术等,同时推广污染处理技术,如防治乡镇工业废水、废气新技术、污灌区污染控制的治理技术等,关注生物技术、无公害农业技术、经济施肥技术、节水技术等的发展,并加强这方面的技术研究与开发。三是抓好农村干部群众的技术培训与推广工作,组织专家和相关技术人员成立技术指导组,进村入户做好技术服务工作,做到技术下乡、标准下乡、图纸下乡、服务下乡。通过采取以上措施,建立起符合不同地域特点、高效实用、低成本的污染防治和废物综合利用技术支撑体系。当前迫切需要的有农村生活污水处理技术、生活垃圾处理技术、秸秆综合利用技术、规模化畜禽养殖污染防治技术、生态农业技术等。相关部门应组织技术力量进行攻关,选择不同类型的村庄进行试点。通过试点,总结各类处理工艺的技术特点、处理效果、适用范围、建设投入、运行成本等相关指标,编制指导性技术工艺目录,供各地选用,并在面上进行推广。

(三)以科技创新为途径,优化农村能源消费结构

大力加强科技创新,推进农村能源消费结构调整,是解决农村能源短缺问题的有效途径。能源是农村经济可持续发展的物质基础。我国农村能源短缺问题主要是由资源不足和资源浪费

两个方面的因素引起的,要解决这一问题,归根结底是要依赖于科技的进步。一方面,依靠科技进步,可以不断开拓可利用能源的领域。在进一步抓好沼气开发和利用的前提下,稳步推进生物质固化气化技术的开发与利用。以农作物秸秆和林木加工废弃物等生物质为原料的生物质固化成型燃料,既可作为农村居民的炊事和取暖燃料,也可作为城市分散供热的燃料。还应大力发展新能源技术,不断开发新的可持续能源,如风能、太阳能、潮汐能在农村的推广与应用。另一方面,强化农村生产生活节能技术的推广。生活上,以薪柴为主要用能的地区,要大力推广省柴灶;以煤炭为主要用能的地区,要大力推广节煤炉。生产上,既要大力推广节能砖瓦窑、节能灶等用能加工设备,又要大力开发农村生产节能设备和产品。全方位节约能源,不断提高农村生产生活的用能效率,切实解决农村耗能高、浪费大、污染重的问题。

(四)以科技教育为手段,提高农民科技素质

广大农民是农村生态文明建设的主体,因此具有生态意识并具有较高科技素质的农民能加速推进生态文明建设的进程。当前,农民生态意识薄弱,科技素质较低,从立足长远和培育农村生态文明建设的主力军来看,需要加强对农民教育和科技培训,提高农民的科技素质、培育农民生态自然观。当前应加强以下工作:一是帮助农民树立清洁生产的理念。进行农业清洁生产,农民应该是主力军。我们要通过发放农业生产技术简讯、手册、图书和录像资料等形式向农民进行环境保护知识、生态知识及农业可持续发展知识的普及宣传工作,加大清洁生产和绿色产品的宣传力度,形成清洁生产观念;通过大力宣传和政策推动,形成农村绿色消费氛围,提倡健康文明、有利于节约资源和

保护环境的生活方式与消费方式。二是加大农村教育投入和科技培训，提高农民科技素质。农民科技素质提升是推动农业可持续发展的途径。全面振兴农村教育是提高农民科技素质的基础，要加大基础教育、职业教育和成人教育的投入，通过发展农村各种教育形式，充分发挥各种教育优势，让每个农民都有相应的机会学习科技文化知识，为农民科技素质提高创造有利条件。实施科技培训，为农民科技素质的提升搭建平台。要向农民普及和推广各种实用的农业科学技术，当前尤其要开展以跨世纪青年农民科技培训工程、绿色证书教育工程等工程，通过科技培训，农民在生产上更多地加强安全用药，科学施肥的技术指导，提高农民的环保和食品安全意识。三是大力建设绿色科技示范基地、示范园、培育一批科技示范户和科技带头人，充分发挥科技应用的示范带动作用，引导带动更多农民学科技、用科技，依靠科技致富，进一步提高自身科技素质。

第二节　生态农业发展的科技支持困境及对策

农业是国民经济发展的基础，生态农业是实现食品安全和现代农业持续发展的重要条件。生态农业为了兼顾经济效益和生态效益的统一，以促进农业资源的集约持续利用和农业生态系统经济生产力水平的提高，需要不断采用更先进的技术，不断研发应用新的生态模式和优质高效、低资源投入、少污染的产品，因此，生态农业需要科技进步的强大支持。当前，虽然政府已经出台了很多相关的政策来促进生态农业科技发展，但目前我国农业科技总体发展水平不高，生态农业科技创新和推广还不够完善,作为公益性的生态科技投资与保障的法规政策不健全,生态技术应用受到很大制约,使得农业科技难以发挥其应有的支持作用。因此,分析我国生态农业发展中的科技困境,积极探索促进生态农业技术研发和应用的对策,对于推动农业可持续发展具有战略意义。

一、我国生态农业发展中的科技支持困境

经过 30 多年的发展建设,我国生态农业建设取得了阶段性成果。生态农业试点范围不断扩展,生态农产品检测认证体系正在完善,但总的来说,我国生态农业发展进程比较慢,生态农业建设仍没在全国范围内广泛推广,而生态农业发展的主要制约因素来自农业技术方面的问题:科技供给、应用和保障对生态农业发展的支持不够,具体表现于以下几个方面。

(一)生态农业技术研发不足制约生态农业发展

生态农业技术是促进生态农业发展的重要因素,但我国生态农业技术研发不足。

1.生态农业科技创新落后。目前我国生态农业科技研发总体发展水平不高,与发达国家相比还存在较大差距,转基因植物的培育与推广、病虫草害控制技术、农业废弃物资源化利用技术等基础研究方面仍需要进一步开拓创新;生态农业复合模式研究在生态农业示范区建设过程中虽得到了相应的发展,但目前我国大多数生态农业模式缺少量化的技术参数与操作技术规程,在实践上不容易推广应用,生态农业生产出来的产品不容易进行标准化认证。

2.生态农业技术研发人员动力不足。生态农业技术的研发具有极强的外部性,生态农业技术的开发不仅有经济效益,还会

产生生态效益和社会效益，但生态农业技术的这种外部性却很难内化为科研机构、企业和厂商的直接收益，因而科研机构和涉农企业从事生态农业技术研究开发的动力不足。

3.生态农业技术脱离农户和实际，难以转化。近十年来，我国农业科技平均每年约有 7000 多项成果问世，其中生态技术占绝大多数，但平均推广率仅为 30%~40%，远不及发达国家 60%~70%的水平。我国许多科技成果为达到所谓国内领先、国际先进标准，技术成果在表现形式方面往往倾向于复杂化、高深化，没有总结出一套让农民一看就懂、一学就会的实用技术，而且技术应用效果的鉴定往往流于形式。

(二)生态农业技术推广与服务滞后束缚了生态农业发展

生态农业强调的是对现有的技术的优化组合，但如何在实际生产中实现技术的有效组合比较抽象难懂，需要有效的生态农业技术推广与服务，但我国农业科技推广与服务非常滞后。

1.生态农业技术推广体系尚未建立。公益性绿色农业技术必须通过政府农业技术推广机构进行，但在实际工作中面向农村、为基层服务的农业科技体系面临着"网破、线断、人散"的困难局面；涉农企业和农民合作经济组织在推广生态农业技术上也由于缺乏政策支持、利益激励等原因举步维艰。

2.生态农业技术推广人才缺乏。生态农业是一种新型的农业发展模式，对推广人员的技术要求高，但由于经费不足且缺乏再教育和培训的机会，技术人员的知识更新很难跟上生态农业技术发展的需要；现有的机制还没有把技术创新与技术创新者的利益结合起来，技术推广员缺乏积极性和创造性。

3.生态农业技术推广服务效率不佳。各级政府几乎每年都安排专门的技术推广活动，但由于科技人员和推广对象数量上的差距甚大，再加上生态技术采用者教育文化程度较低，技术本土化和标准化转化不够，农户理解和操作困难，技术并没有扎根农村。

(三)农户自身素质影响了生态科技应用

农户是生态农业发展的主体。由于现代生态农业是一个涉及多学科技术的生产体系，技术种类需要多而且整合起来还比较复杂，而这些技术又需要有较多的文化和科技知识的农民才能掌握。我国农村劳动力教育程度较低，文盲率为7.8%，小学文化人员比重为30.9%，初中文化人员比重为42.3%，而高中文化人员比重只有13.5%。特别是当前由于大批农村青壮劳动力进城务工，老龄化、妇女化、低文化成为农户的主要特征，这样的科技文化素质也就直接制约农民对农业科技成果的吸纳能力。他们当中系统接受过初级职业技术培训的为3.4%，接受过中等专业技术培训的仅为0.13%，而没有接受过任何技术培训的却高达76.4%。再加上农民组织化程度低，间接接受龙头企业和合作社的技术示范和技术指导少，标准化知识和技术尚未普及，农民和有关企业不熟悉各种农业标准，农户标准化意识淡薄，农户自身科技素质影响了生态技术的应用，制约了生态农业发展。

(四)生态农业科技投资与保障的政策、法律不健全阻碍了生态农业发展

由于生态农业其所需要的资源条件比传统农业更为严格，因而生态农业生产的风险比传统农业要高出很多，特别是现阶段生态农业与其他农业生产模式相比，在经济效益上的优越性并不突出，导致农民采用生态技术时还要面临很大的风险，但同

时生态农业技术又具有公益性,因此需要政府法规保障、政策扶持和措施激励来助推激发用户投资科技,而目前我国农业科技风险投资与补贴保障制度不健全,导致用户采用技术的积极性降低;生态农产品的检验监测制度是产品价值的前提,而市场监管体制是实现农产品"绿色"价值的保证。我国目前实行了"无公害农产品、绿色食品和有机食品"三位一体的认证体系,但这三类认证标准界限不十分清晰,我国的生态农产品检测体系并不完善,而且生态农产品检测、监管中尚存在寻租行为及形式化倾向,再加上生态食品市场发育还不成熟,消费者对生态农产品认识缺位,所生产的生态农产品有质无价。由于生态农产品检验监测、认证制度体系不健全,市场监管不完善,从而挫伤用户采用生态农业技术的积极性。

二、生态农业发展的科技支持路径及对策

发展生态农业仍是我国当前和今后农业工作的中心任务之一,必须加快我国生态农业科技进步,积极探求生态农业发展的技术支持路径和对策,为促进现代生态农业发展提供强大的动力支持,进一步促进农业生态系统经济生产力水平的提高,缓解现代农业生产带来的生态环境恶化、农产品污染等负面影响,达到经济与生态的"双赢"。

(一)加大生态农业技术有效供给,为生态农业发展提供支撑

以农民增收、农业发展和生态保护为目标,不断完善生态技术群,克服农业生态文明建设中的技术异化,建立适应生态农业发展需要的科技研发体系。为增加生态技术有效供给,须从以下几个方面着手进行:

1.加大生态农业科技研发投入力度。中央和地方政府要逐渐加大对农业科技研发资金的投入，同时要拓宽农业科技资金的筹集渠道，鼓励和吸引社会多方面资金用于农业科技开发，逐步形成多元化的农业科技投资体系，实现生态技术的持续有效供给。

2.推进生态农业科技创新管理体制改革，完善农业科技创新体系。生态农业技术研发涉及的学科非常多，政府要优化配置农业科技资源，建立开放、竞争、协作的农业科技运行机制，为基础科技的研究打造良好的平台；生态农业技术的公共品性质决定了政府科研部门应充当研发的主体，通过完善农业科技创新的激励政策来进一步推动技术研发，同时进一步完善农业科研课题申报验收制度，严格限制污染环境、破坏生态的技术研发；由于农业科技成果具有正外部性效益，政府应通过实施专利制度、税收制度等政策，鼓励民营资本向生态农业技术的研究开发。

3.加强生态农业关键技术的创新与突破。运用传统技术精华与现代技术的有机结合，因地制宜，加快生态农业模式的标准化与产业化技术的研究与突破，以适应各地区生态农业发展需要；进一步完善生态技术群发展配套绿色农业技术，在良种优选技术、农业信息技术、立体种养技术、农作物病虫害综合防治技术等生态环境友好型技术上有创新与突破，应注重其适用性和可操作性。

(二)加快农业科技推广建设，为生态农业发展提供服务

生态农业是一种新型农业，有不同于传统农业技术的推广要求。以提高技术成果实际应用率和贡献率为着眼点，加强农技

推广体系建设,积极探索新的经营机制和技术推广服务模式,充分发挥农业科技推广的"杠杆效应"。

1.构建生态农业技术推广体系。生态农业技术推广体系应在政府领导下,形成政府、高校、科研机构、企业、农民合作组织和农户共同参与的多元化农业技术推广网,通过"专家组—技术指导员—科技示范户"的技术指导、"县—乡—村"的技术培训,进一步解决技术推广中的"线断、网破、人散"的体制缺陷,促进技术在民间扩散与应用。

2.通过政策倾斜,提高推广人员的素质,提升推广服务积极性。通过科研机构、高校联合等模式,有组织、有计划地对农业技术推广人员进行生态农业实用法规、政策和技术等科技培训,尤其是要加强对县、乡两级的技术培训与指导,从而更好地指导所负责的农户;发挥奖励和职称评聘倾斜等激励因素的促进效应,实现技术服务活动与推广人员之间的利益挂钩,提升推广人员服务积极性;农民专业合作组织、农业龙头企业、农业技术推广协会等民间科技服务组织是推广生态农业技术的主要依靠力量,政府管理部门应给予必要的引导、鼓励和政策及税收的支持,为生态农业技术进入农村和生态农产品走出农村提供中介。

3.加快生态农业技术推广效率。把那些技术含量高、理论抽象程度高的农业技术通过标准化和本土化转化成农村需要的适用技术和标准,技术的用语规范和使用逻辑吻合当地社区的使用习惯,也易于农户理解和掌握;农业科技示范园(区)是推进农业技术的窗口和阵地,政府以产业为方向,确定示范推广项目,组织创办农业科技示范基地,农业专家和技术人员挂靠基地,及时向农民示范推广农业新科技。

(三)加大对农民的生态科技培训和生态理性培育,为生态农业发展奠定基础

农民是农业科技应用的主体。只有广大农民意识到环境—经济—社会协调发展的必要性和紧迫性,现代生态农业才会有持久的生命力,而农民的人力资本积累和生态理性培育的基本途径是教育和培训。

1.要加大对农民教育和科技培训的力度。增加农村教育投入,大力发展中等农业专业教育和成人教育,不断提高农业技术应用者的基础;加大对农民科技培训的力度。积极推进绿色证书培训、农业远程培训、青年农民培训,并通过专项立法,推进农民科技教育培训的制度化和长效化。

2.拓宽培训的内容。举办形式多样的专家送科技下乡活动,不仅向农民介绍一些立体种植、科学施药施肥、病虫害综合防治等技术,而且重视培训农民应用新品种、新技术的配套技术和操作规程;广泛开展标准化知识培训,增强农民的科学种田、生态环保等意识。

3.应着力发挥涉农企业、农民专业合作组织、科技示范户等各类现代农业经营主体的示范培训作用。发挥龙头企业和农民专业协会在农村职业技术教育中的积极作用,为所带动的农户提供使用的技术培训,不仅指导农民进行生态农业发展,也通过他们进行监管来促进农民采用生态农业技术;科技示范户是促进技术推广应用与扎根农村的有效载体,正成为广大乡村"看得见、问得着、留得住"的乡土专家。

（四）完善生态农业科技投资与保障法律政策体系，为生态农业发展提供保障

随着生态农业技术的不断更新，生态农业实践的不断深入，政府需要根据发展要求制定和完善相关法律法规，确保各项法规执行过程中的连贯性，为农户从事生态农业生产创设良好的环境，同时完善投资补贴、风险支持、信息服务、市场培育等内容的综合扶持政策体系，扩张农户生态技术需求，为加快农业技术投资和应用提供保障。

1.政府对农户在生态农业科技投资上实行补贴。从生态农业技术所能带来的社会综合效益及所倡导的低碳经济考虑，政府非常有必要对技术采用者实行补贴，特别是加强对龙头企业、农民专业合作组织和农业科技示范户实行良种和农机等补贴。

2.完善农业技术风险机制。增强自然灾害和重大动植物病虫害预警应急体系建设，加大生态农业信息网络系统建设，提高农业防灾减灾能力；建立新技术风险储备金制度，为用户应用新技术投保，必要时提供贴息贷款，对农业科技风险进行适度转移；完善农业技术风险投资与保障机制，鼓励成立专门性农业保险公司，通过政府拉动、政策支持、商业运作的经营模式提高农业保险的经营管理水平，化解农民技术应用的实际风险。

3.完善生态农产品检验监测、认证制度，健全市场监管体制，保护绿色农产品生产者的正当利益不受侵害，提高生产者采用生态农业技术的积极性。要积极开展农产品市场农药残留量监测工作，加强生态农业标准化管理，加强绿色食品的认证和

标签制度，实现市场上产品的差异化；加快有机农产品市场
体系建设,建立专门的营销网络,疏通市场信息渠道,加强生
态农产品宣传,促进产品销售,促进生产经营者的切身利益实
现。

第五章　创新驱动乡村文化振兴　焕发乡村文明新气象

　　推动乡村文化振兴,应加强农民思想文化建设,焕发乡村文明新气象;传承弘扬优秀传统农耕文化,不断赋予其新的时代内涵。科技创新在为提升农民素质、引领农村乡风文明新风尚和传承保护弘扬优秀传统农耕文化方面发挥着重要作用。一方面,科技创新在提升农民素质、引领农村乡风文明新风尚方面发挥重要作用。当前,我国一些乡村存在的迷信、恶俗、陋习等不文明现象,核心原因就是农民科学文化素质有待提高。通过优化农村教育结构、加快实施科技培训、大力加强农村科技的推广、充分发挥政府调控作用等措施推动农民科技素质提升,引领形成文明、科学的生活风尚。另一方面,科技创新促进农村优秀传统文化现代化转型。乡村传统文化发展是乡村振兴的重要基础和保障,是乡村建设的灵魂所在。随着工业化城镇化的推进,乡村文化逐渐被边缘化,再加上人为因素的破坏、自然因素的侵蚀和现代文化强势介入,农村传统文化保护和发展面临载体、空间和手段等方面的困境和挑战。科技在记录乡村民间文化、培养文化受众和推动传统文化产业转型升级等方面发挥着独特的作用，它提升了乡村传统文化的存储力、传承力、传播力和竞争力。乡村传统文化借助科技的优势，不断地注入新内涵，在时代文化互动和异质文化的对话和碰撞中进行自身的创新与创造性的发展，推进实现其现代转型，增强朝气与活力。

推动乡村文化振兴，应传承保护弘扬优秀传统农耕文化，不断赋予其新的时代内涵。当前，乡村传统文化发展面临载体、空间和技术等方面的发展瓶颈。科技在记录乡村民间文化、培养文化受众和推动传统文化产业转型升级等方面发挥着独特的作用，它提升了乡村传统文化的存储力、传承力、传播力和竞争力。面对乡村传统文化发展的科技制约，要通过强化政府推动传统文化发展的科学决策意识、完善科技对传统文化发展的支持体系、加快乡村科技信息化服务建设和创新科技与传统文化传承内生机制等有效途径，促进乡村传统文化现代化转型。

党的十九大报告明确提出实施乡村振兴战略。乡村振兴既要塑行，也要铸魂。乡村传统文化发展是乡村振兴的重要基础和保障，是乡村建设的灵魂所在。我国传统文化深深根植于广大的农村地区，当前很多农村仍然保持着相对丰富的历史记忆和文化遗存，成为历史文化的重要载体。在一些农村保留着古村落、古建筑等珍贵的物质财富；仍然保存着历史遗留的民族、习俗、节庆等方面的民俗活动，祭祀土地神、灶神的习俗至今在中国某些地区中的农村仍然广泛流行；[①]仍然保存着一些民间表演艺术、传统戏剧和曲艺、传统手工技艺等，是集物质和非物质文化等多种元素于一身的珍贵历史遗产。我们要保护传承传统文化，

①刘芳.道教与唐代科技[M].北京：中国社会科学出版社，2016：114。

要让农村看得见青山绿水,记得住乡愁。记得住乡愁就是要保存好乡村的文化记忆,延续乡村文脉,打造乡村名片。

刘方玉、李祖钊(2014)通过分析农村社区建设和城镇化改造导的困境,提出要重视对农村传统文化的发掘、整理、保护、传承。王艳,淳悦峻(2014)分析了在城镇化进程中保护农村优秀传统文化的政治、经济和文化意义,提出采取诸如对农村传统文化的现状进行全面调查、加强关于传统文化保护的宣传教育、保护和培养乡村文化的传承者、探索乡村文化产业化途径等有效措施加强对传统文化的保护和开发。李家寿(2014)认为我国农村有丰富而优秀的民族民间文化,为经济社会发展发挥了巨大作用。要建立科学、有效的新农村文化遗产传承发展机制,加大对农村传统文化保护开发的投入力度。郭雪君、李玉萍、王振(2013)从保护农村传统文化的价值出发,分析不同角度下对农村传统文化价值的认知,通过纵向历史对比去解释保护农村传统文化的紧迫性和必要性;运用博弈论的分析方法探讨农村传统化保护的内在机理,探索保护农村传统文化的具体途径。

乌云高娃(2012)论述了科技创新与民族传统文化之间具有积极和消极的双重的互动过程,指出抑制二者之间的消极影响,促进积极影响过程对于民族传统文化的传承和发展,促进民族地区经济社会的繁荣兴盛,构建具有地域性、民族性的科技创新体系具有重要的意义。潘冬东(2013)指出,通过提高传统文化产品的科技含量与原创力,推进区域传统文化的竞争力与市场活力,是保持传统文化创意产业经久不衰之根本保障。并提出要积极完善文化科技创新扶持政策,加强文化科技资源整合,建立健全文化科技投融资体系等措施。陈思、潘树(2013)中指出,积极应用现代的高新技术手段,推进文化机制体制、内容形式、传播手段的创新,是发展繁荣传统文化的必经之路。科技创新是文化发展的重要引擎。这种科技创新将渗透文化内容形式、体制机制、传播手段等方面。

综上,关于农村传统文化发展的研究,学者的理性思考主要集中于对农村传统文化保护与发展的作用、现存状态、困境及对策等方面;基于当代科技发展的现实背景,也有部分学者从科技与信息化发展视角来关注和研究文化与科技建设,但具体到乡村传统文化发展和振兴视角,对科技提升乡村传统文化发展的作用、路径及对策的研究还不多见。2018年,《中共中央国务院关于实施乡村振兴战略的意见》文件指出:在保护传承的基础上,创造性转化、创新性发展,不断赋予时代内涵、丰富表现形式。在现代科技和信息网络技术高度发展的今天,乡村传统文化一定要借助科技的优势,不断地注入新内涵,在时代文化互动和异质文化的对话和碰撞中进行自身的创新与创造性的发展,推进实现其现代转型,增强朝气与活力。我们需要新视野和新方法来研究和指导乡村传统文化建设,探索解决途径,推动乡村文化振兴。

一、乡村传统文化发展的现状及存在的问题

保护和传承乡村传统文化对于农村社会的和谐稳定、农民增收致富和留住乡村记忆等具有重要意义。近年来,党中央高度重视乡村文化遗产保护工作,许多省市已启动实施乡村记忆工程,古村落、古建筑、古民居等历史文化遗迹遗存,随着村庄整治工作的开展得到了保护,一些乡村还根据自身的优势,培育并发展了具有地方特色的文化产业和文化品牌。还有一些乡村试图恢复"孝顺父母、恭敬长上、和睦乡里、教训子孙"的传统乡约。[①]但总体上来说，随着工业化城镇化的推进，乡村文化逐渐被边缘化，再加上人为因素的破坏、自然因素的侵蚀和现代传媒的强势介入，农村传统文化保护和发展面临载体、空间和手段等方面的困境和挑战，致使中华民族的传统文化基因在农村有逐渐流失的趋向，传统社会的父义、母慈、兄友、弟恭、子孝的五教伦理也日趋衰微。

（一）乡村传统文化发展面临建设载体消失的困境

乡村村落和古建筑承载着广大农民所共同认可的生产方式、生活方式、价值观念，记录着乡村文化的历史印记，是乡村传统文化发展的重要载体，但当前面临传统村落的破坏和消失的严峻挑战，使得农村优秀传统文化发展失去了根基、空间和载体。城镇化进程中，留住最美乡愁极具紧迫性。主要有以下原因：其一，自然因素影响。受到物理、化学、生物等因素的影响，古村落发生损坏和历史性老化，导致许多建筑破败不堪，产生了年久失修甚至无法实物保存的危重局面。其二，建设性破坏。由于对于物质文化遗产缺乏应有的保护和敬畏意识，再加上一些地方片面理解乡村建设的实质，认为搞建设就是拆旧房，建新房，许多珍贵的历史文化遗存遭到人为的丢弃和破坏。许多地方一味地追求村容村貌的整洁，搞的千篇一律，毫无特色和文化内涵，忽视对传统文化遗存和文化形态的保护。也有一些地方政府受不良政绩观影响，急功近利，在城镇化过程中，出于经济利益的

---

①王光辉.三代可复：常州学派公羊学思想研究[M].北京：人民出版社，2018：47。

考量,使一些极具有文化价值和历史价值的古村落、古民宅在商业开发中逐渐消失。其三,旅游开发过度。一些传统文化项目的旅游开发常常摒弃珍贵的民间文化特色,对乡村旅游资源实行掠夺式经济开发,导致许多乡村优秀文化资源受到严重破坏。由于开发缺乏科学规划,随意翻建、新建古建筑,使得古村落的原生面貌渐渐消亡,村落消亡使人们产生失落感和丧失"根"的归属感。

(二)乡村传统文化发展面临建设主体的减少与弱化的困境

要让农村优秀传统文化获得保护并持续传承,培养文化传承者以及研究者等专业人才,探索创新传承方式成为必须,但当前乡村传统文化传承面临建设主体的减少与弱化的困境,乡村传统文化传承面临建设受众日益小众和断代的问题。主要有以下原因:其一,受工业化城镇化的影响。在工业化城镇化的背景下,农村中很多年轻人外出打工,受城市文化和外来文化影响,心向城市文化的主观愿望更加强烈、主动,乡土社会的地缘性和血源性减少,农村年轻一代对家乡的文化认同、故土情结也在逐步减弱。其二,受信息化的影响。信息网络背景下,喜爱新技术的年轻人迅速接受和运用这一新的传媒手段,而传统的戏曲、艺术形式、礼仪习俗传播方式单一。一些年轻人已经失去兴趣,转而崇尚"普化"的大众文化,文化传承内生动力不足。其三,受传统传授方式的影响。大多数传统手工技艺都是口手相传,这种传承方式受到很大限制,传承手段单一。随着那些年有长的民间文化传人相继去世,留在农村的年轻人,很少有人愿意学习和传承这些民间技艺,乡村传统文化失去了创新发展的最有生力量,严重影响了文化的保护和传承,很多民间技艺面临后继乏人乃至后继无人的困境，乡村文化发展出现了传承上的断层。

（三）乡村传统文化发展面临建设手段缺乏的困境

要想让农村优秀传统文化具有长久的生命力，就必须对其进行市场化运作，利用各种资源进行文化产业开发，产生经济效益。但长期以来，乡村传统文化的经济开发价值没有引起重视，再加上开发手段单一，导致现阶段我国乡村文化产业的发展十分滞后，规模小、品牌少、链条短、产值低，文化资源优势还没能转化为产业优势。其一，我国大部分农村传统文化资源尚处于"野生"状态，商品化程度低。因地域交通、经济状况或其他因素而深藏于大山之中，缺乏各种现代化的信息渠道进行产业推介，影响投资环境优化，无法吸引社会资本流向农村文化开发市场，优秀文化资源、原始特色旅游资源无法进行挖掘，农村特色文化产业无法合理化运作与开发。其二，乡村许多文化产业经营单位还是家庭作坊式生产为主，产品档次低，大多数民间工艺品还是靠自我销售来传播，竞争力不强，缺乏电子商务和网络平台的市场拓展，无法延长产业链，形成规模化生产。面对信息化发展的产业发展需求，乡村传统文化产业开发经营方面不断的探索创新成为必须。

二、科技进步提升乡村传统文化发展的作用

现代科技对乡村传统文化的传承和发展带来了巨大的冲击，但乡村传统文化要实现文化的"静态保护"与"动态传承"，离不开科技的推动作用。现代科技通过对文化资源的数字化存储、虚拟再现传承和传播，在培养文化受众、记录民间文化、丰富文化传播和管理方式等方面发挥着独特的作用，提升了乡村传统文化的创作力、表现力、传播力和影响力,可以进一步缓解乡村传统文化保护和发展方面面临的载体、空间和手段等方面的困境和挑战。

(一)科技推动乡村传统文化静态保存

保存是乡村传统文化发展的基础和前提。通过"影像记录"与"数字馆藏",科技推动乡村传统文化静态保存。第一,科技推动乡村传统文化的数字化保存。信息数字化具有诸多特征便于文化保护。凡以视听形式的文化,可进行数字信息存储,可以虚拟再现传统文化产品的全貌及文化空间,从而加强了文化保存的安全性,突破时间、空间和语言的局限。农业文化遗址、民间曲艺和剪纸等农村传统文化,以文字、图片、图像、视频等多种方式的记录,形成文化遗产的文本与影像资料数据库,展示当地地理、物产、生产与生活状况等村情,提供了"影像化表达"。让广大农民群众认识、了解这些文化瑰宝,了解村史,也让离开的乡土的城市外乡人留住记住乡愁。第二,文化的实物保存。历史文物皆以实物形态存在,采用现代科技进行防护、保养,用科技手段能恢复已被损坏的文物,能预防和克服各种人为不利因素所造成的损坏,能延缓、阻止文物老化变质。各个地区从实际出发,推行"乡村记忆工程",选择一批具有浓郁地方特色的古村古镇进行整体维修保护,对现存的文物进行高精度的复制和记录并保存,建设"乡村博物馆",让人们在农村地区找到"根"的归属感,留住乡愁,记住乡愁。

(二)科技促进乡村传统文化活态传承

传承是乡村传统文化发展的内在要求。依托高新技术手段创造性地开展乡村传统文化生态传承工作,以数字化形态出现的信息技术对比以非数字化形态存在的传统文化,其生命力、辐射力、扩张力更有效,传承力更强。

1.信息化推动促进文化消费,培养文化受众,使文化重建的主体由被动变自觉。一方面,现代数字媒介包括音频、视频、文字等内容,更加符合现代人特别是青年人的接受习惯,信息技术促进了乡村传统文化的大众化,丰富了文化传播的方式,扩大了文化影响范围。另一方面,在传承方面,可以通过网络视频、视讯点播等多种技术方式进行对外宣传和传播,改变了民间文化传统的传播方式师徒授业、口耳相传的模式,突破了时间、空间、语言的障碍,为非物质文化遗产的受众奠定广阔的群众基础。

2.信息化推动"文化进校园"和"数字校园"建设,通过整合学校各类信息资源,对学生发挥潜移默化的文化熏陶作用,推动活态传承。通过校园虚拟网站,学生可以了解家乡传统文化背后的历史。学生运用现代信息技术,可以通过视频教学等方式学习传统文化,营造传统文化氛围,增强文化保护与传承意识。

(三)科技创新推动乡村传统文化产业升级

产业化是乡村传统文化发展的重要途径。发挥科技创新的主导带动作用,推动乡村优秀传统文化产业合理化运作与开发,在一定程度上了"活化"了传统文化。其一,现代科技推动乡村传统文化的开发。乡村独特的文化特性为文化创意提供了丰富的创意素材,我们以某些传统文化为原型,进行深入挖掘和艺术加工,提升文化产品或文化服务层次,把深藏于大山之中,优秀文化资源、原始特色旅游资源进行充分挖掘,通过创意能够为老屋、老街和文化产品注入文化内涵,成为具有高附加值和时尚品位的创意产品,通过网络在互联网上进行发布和传播,以科技为基础,提高了观光旅游的延伸能力。其二,现代科技推动乡村传统文化产业的升级。将一些乡村传统手工艺制品进行产业开发,工艺改造,形成规模化生产。科技创新改变了传统文化产业物质载体,更新了传统文化产业的生产工艺和方式,提升非物质文化遗产转化产品竞争力;利用科学技术创造出宏大、唯美场面,以吸引观众,刺激了乡村旅游和观光文化消费需求;在市场开发上,通过会展、基地平台和电子商务平台进行推介,延长产业链,为剪纸、竹简雕刻等传统手工艺和文化观光旅游继续生存和发展找到一条有效途径。通过科技创新,挖掘利用农村传统文化资源,开展乡村文化旅游、民间工艺加工或是民俗旅游等第三产业,带动农民增收致富,激发农民的乡土意识,对于保护传承复兴乡村文化产生积极有益的影响,形成适应现代科技发展的特色文化产业。

三、科技提升乡村传统文化发展存在的问题

在现代化进程中,要正确认识农村传统文化变迁的客观性。通过科技创新实现传统文化在变迁中传承,在变迁中发展,实现传统与现代、文化与科技的统一。但目前,在科技提升乡村传统文化发展中,存在乡村传统文化发展的科技创新供给能力不足,乡村传统文化与科技融合的体制机制不完善、驱动力不足,乡村传统文化传承与科技融合的效率不高等问题。

(一)乡村传统文化发展的科技创新供给能力不足

乡村传统文化发展中数字化保存、活态传承、传统产业优化升级和产业链延伸等都需要科技,但当前乡村传统文化科技创新供给、开发能力不强,传统文化发展技术创新供给能力不足。主要有以下原因:

1.经费投入和专业人员不足。一方面,近几年来,虽然政府对乡村传统文化的保护与传承专项经费投入逐年增多,但相对于经费需求而言,依然缺口很大。另一方面,乡村传统文化发展涉及民间文学、技艺、民俗等,政府部门缺乏这些专业研究的人员,不能完全承担这些项目的保护、传承等工作。由于经费和专业人员不足,导致政府投入只能用于资源普查资料整理,村落中的许多古建筑、传统民俗和手艺等文化活动项目的现代化技术维护和开发无法展开实施,项目文本和录像片制作等工作无法开展。

2.科技管理体制机制不顺。科技创新中,良好环境的营造、政策支持是科技创新的必要条件。乡村文化建设与管理涉及文化、农业、经济、民族等相关部门,地级市都设立了专门的保护中心,但县级市在省际层面还没有单独设立保护工作机制的先例,依托在文化馆或群众艺术馆代行,工作针对性不强,更为重要的是,政府、专家学者、传承人、文化企业,作为文化项目保护和发展的核心力量,各自为政,形不成合力,导致在传统文化与科技融入问题上,缺乏科学规划和科学统筹,存在随意性、盲目性和功利性的问题。同时由于缺乏有效的法规和政策,各类创新主体动力不足。

3.科技创新服务平台建设滞后。为了保证传统文化的保存和发展,地方要建立各层次的数字图书馆和网络平台,但当前很多乡村传统文化数字资源长期保存、内容组织与管理等关键问题没有解决,对文化资源的数字化存储、虚拟再现传承、传播民间中的应用程度低,制约了农村传统文化发展。

(二)乡村传统文化发展的科技服务滞后

1.乡村信息化建设滞后。城乡信息化融合发展协调推进体制机制不健全,城乡通信信息基础设施建设严重失衡,农村数字基础设施、农村信息服务站和信息化终端接受设备网络通信等设施不完善,数字校园、数字社区建设滞后,阻碍了农村传统文化信息化传承。

2.科技信息网络人才缺乏且素质不高。乡村旅游产业和信息业的不断发展,对信息服务人才素质提出了新的要求,需要有网络信息采集、开发、推及和服务等知识和技能,但当前信息网络人才素质不高,培训滞后,造成从乡村传统文化信息化的效益减弱。

3.科技信息化融合发展协调管理推进体制机制不健全。由于不尊重文化遗产的原真性,存在过度开发的倾向,出现文化的展示脱离"原真性"的情形,传统文化出现了许多"移植、修剪"后的新形态;为吸引"外界眼球",制造各种各样的伪遗产和伪民俗,散布一些虚假文化信息,大大降低了乡村的文化品位。

(三)乡村传统文化发展的科技应用效率不高

科技提升乡村传统文化发展不仅要重视"科技外推"在文化保护中的作用,更为重要的是与文化主体传承实践的结合。乡村记忆工程的理念要引入社区、学校系统中,但现实农村传统文化发展与科技融合应用的效率不高。有些乡村虽然已经建立起来了当地乡村传统文化数据资源,但并不与学校的文化传习平台相联系,再加上学校的乡土文化课程教学缺乏师资、教材和信息化传承机制,学生无法通过网络来了解和学习当地文化,导致乡村传统文化数据资源形同虚设;有些农村社区缺乏有效的宣传和活动推介,农民对传统文化信息搜集、保存和传播的积极性不高,主体作用没有发挥出来,动力不足。因此,如何以"信息化"为契机整合农村文化资源，在社区与学校间形成共享机制成为必须。

四、科技提升乡村优秀传统文化发展的对策及建议

现代科技对乡村传统文化的传承和发展带来了巨大的冲击，也对乡村传统文化的保护与发展带来机遇。我们既不能以乡村传统文化消亡的代价来推进现代科技的发展，也不能无视科技的发展来保护和发展乡村传统文化。随着我国现代科技的发展与进步，社会经济与文化的发展对科技的依存度越来越高，科技进步提升乡村传统文化保护和发展方面的研究也越来越受到许多专家学者的重视。以科技与信息化发展为切入点，加快运用新的视野对乡村传统文化的保护与发展的相关问题及解决措施进行研究，积极探索分析科技与乡村传统文化保护与发展的作用以及融合的路径，使文化与科技相互促进，促进乡村传统文化的现代化转型发展，为乡村振兴注入文化动能。

(一)强化政府乡村传统文化发展的科学决策意识

通过科技创新推动乡村传统文化发展的过程中，政府应该坚持科学的理念为指导，根据地方特点，加强科学规划和科学统筹，处理好创新与保护、传统与现代的关系，推动乡村传统文化的传承和发展。

1.科学理念指引。保护传承与开发利用乡村传统文化建设中，政府承要坚持保护优先、科学开发的理念。一方面，要树立高度的文化自觉和文物保护意识。乡村历史文化是一类不可再生的珍贵资源，一旦遭到毁坏或破坏，将造成无法弥补的损失。要充分利用现代科技对农村优秀文化遗产保护，文化遗产保护的目的是旨在给予传统文化遗产可持续的保存。另一方面，任何有

生命力的文化都有现代性，我们不能为了保持传统文化的原汁原味，去拒绝使用新的技术，只为保护而保护。为了传承文化命脉，要促进文化创新，但不是为了创新而创新。即使是发展创新，必须遵循传统文化自身规律，在科学开发的基础上塑造和挖掘，使得文化遗产能够在开发利用中实现可持续发展。

2.科学规划指导。地方政府在对乡村文化遗产进行普查和整理基础上，对乡村文化活动开展以及文化产业发展等方面向专家学者、文化顾问和民间艺人等进行咨询，结合他们的合理化意见和当地的地域文化特征，设计保护和科学开发计划，彰显一地(村)一品、一(地)村一韵，凸显个性设计，打造地域品牌，减少随意性、盲目性和功利性，加强保护和开发工作中的专业性，技术性和科学性。

3.科学方法开发。政府在文化遗产的保护与开发中坚持科学统筹方法开发，将民俗风情和历史建筑等有机结合起来，建成生态村。建立非物质文化遗产博览园，通过与旅游相结合，开展生产、保护和经营活动，吸引游客观光、购物，打造集展演、互动和传承于一体的展示园区，拉长文化旅游产业链。

(二)完善科技对乡村传统文化发展的支持体系

在现代化进程中，乡村传统文化变迁具有不可避免性。政府要迎合时代发展的步伐，支持文化与科技创新的融合，完善科技对乡村传统文化发展的支持体系，通过科技创新实现乡村传统文化更为有效的保存和发展。

1.加快乡村传统文化科技创新。通过科技创新活动将乡土民间文化资源转化为产业资源，转化为经济资源，塑造本土文化形象，创立文化品牌，实现乡村传统文化的市场化、产业化发展。

针对当地乡村传统文化发展所面临的突出问题，形成具有地域特色和风格的科技创新体系，增强传统文化的市场竞争力。积极利用当地高校科研院所文化创新的科技和人才优势，吸引鼓励开发经营。通过财政、税收等政策，鼓励企业、文化开发公司增加科技投入，提高文化产品的市场竞争力，打造文化品牌。

2.优化科技创新环境。加强政府引导，多元筹措资金。加大对乡村文化发展事业的科技投入，用于文化遗产的普查建档、文化传承人的培养和文化基础设施的投资建设等工作；优化投资政策环境，以吸引企业、个人和社会团体在内的社会资本和人才流向农村文化开发。

3.加快建立支撑乡村文化发展的科技创新服务平台，为文化产业发展提供有力的科技支撑。建立规范化、特色化资源数据库。利用好数字化技术，分门别类对项目及代表性传承人资料逐一进行数字化采录、存储，以便长期保存。应用数据库、存储技术，更系统科学地管理非物质文化遗产信息；构建起乡村文化宣传推广体系，建立起当地非物质文化遗产保护网站，打造非物质文化遗产的形象活动和品牌，普及和保护知识，培养保护意识，形成非物质文化遗产保护工作的良好氛围；总结乡村传统文化发展中科技支撑作用的经验和成功模式，进行试点示范及推广。

(三)加快乡村科技信息化服务建设

增强乡村文化供给，注重城乡资源共享，加强适应于现代科技发展的农村文化工作队伍建设，完善适应科技信息化发展的文化服务体系。

1.加大科技信息化条件下乡村文化基础设施的投入，开办社区网站，展开对文化的收集、整理和宣传，采集大量真实的影像和数据资料,借此吸引更多的人了解当地乡土文化。以"虚拟再现"和"现实影像"结合的手段,增加文化观光的新动力。

2.提高乡村地区科技创新人才队伍的素质。当前加快培养能适应数字技术环境中多种产业需求的开发和管理人才。一方面,坚持本土化培养,以返乡青年和大学生村官等青年创业群体为重点,加强培训,提升信息采集、宣传推介和销售支持等技能,培养一批农村信息化带头人;另一方面,根据产业发展需求,加强人才引进,引进信息化专业人才从事创意设计、网络推广和信息维护等工作,为科技创新和产业化提供智力支撑。

3.加强信息化管理。乡村传统文化的网络化和科技化建设,应遵循信息化的规律,研究文化遗产本身的特性,处理好信息化与文化遗产保护和发展的关系。

(四)创新科技与传统文化传承的内生机制

发展延续乡村传统文化,物质支援和制度植入虽然成为必须,但借"信息化"的手在现代化进程中构建有生命力的乡村文化传承机制更为紧迫和重要。通过科技与文化主体传承实践的结合,激发村民和学生的"文化自觉",实现保护和活态传承的双重目标,催生文化发展的内在动力。

1.通过信息化加强宣传教育,激发村民自觉参与。首先,各级政府宣传部门要加大网络媒体的宣传力度,而乡村的广播和电视亦经常播放乡土历史、风俗等影像资料,通过手机 App 实现当地乡土文化数字报、新闻的直播和点播。发展乡村文化产业,增强村民的传统文化发展的旅游价值和经济价值的认同度,为乡村传统文化的传承和发展提供更好的动力支持。进一步激发其文化的数字化整理和保护文物古迹的积极性;其次,举办文化活动,结合本地实际,组织开展诸如地方戏曲、民俗表演等活动,组织开展文化产品推介会,增强民众对乡村传统文化的认同感。

2.落实学校传统文化资源利用的共享机制。植入乡土记忆,不仅要设立传统文化传习所,将当地的乡土艺术和民间工艺等融入课堂教学中;还要建立一种恰当的信息化机制,利用信息技术工具在文化传承人和年轻一代之间架构起沟通的桥梁。通过校园网络,提高传统文化影响普及程度,了解相关的背景知识和历史沿革;通过网络申请,获得传承人直播式教学,实现传承人的"活态化",让文化遗产资源在年轻一代的生活和学习中"活化"起来。

第六章　创新驱动乡村人才振兴
推动农业农村现代化内生发展

　　人才兴则乡村兴，人气旺则乡村旺。农业农村现代化的重要标志是从业人员素质的现代化，培育乡村实用人才是实现农业农村现代化的关键。目前，随着工业化、城镇化进程的加速，大批农村青壮年劳动力的转移，当前农业从业人员低质化、老龄化等问题日益凸显，现代农业和农村发展遭遇人力资本困境，农业农村现代化发展过程中实用人才缺乏。加快推进农业农村现代化，迫切要求积极培养本土人才，鼓励支持返乡农民工、大中专毕业生、科技人员、退役军人和工商企业者等从事现代农业建设、发展农村新业态新模式，成为新型职业农民，这就要求必须创新乡村人才工作体制机制，在培育人才、吸引人才等方面下足功夫，让人才振兴成为推动农业农村现代化的内生动力。

　　农村本土实用人才、返乡农民工、大中专毕业生、科技人员、退役军人等构成的新型职业农民队伍，为构建新型农业经营体系奠定微观基础，是破解现代农业发展"难题"的有效途径。从2012年开始我国开展了新型职业农民培育工作，其成效已逐渐显现,但在现有的制度和政策供给背景下,新型职业农民培育面临着诸多问题。新型职业农民培育中面临的多重困境,归根结底是机制体制建设的问题。如何进行体制机制创新,实现困境摆脱,为加快新型职业农民培育创造条件成为急需。本章以当前农业农村现代化发展过程中实用人才缺乏为着眼点,分析新型职业农民培育的战略作用;梳理总结发达国家新型职业农民培育实践经验,探索新型职业农民成长与培育规律,为新型农民培育机制构建建立可行的路径;以农业农村现代化进程中山东农村人才培养现状为例,在分析山东培育实践中实践经验、问题及其制约因素基础上,提出新型职业农民培育机制构建与优化对策。

第一节　农业农村现代化进程中新型职业农民培育的战略性

一、本研究的相关概念界定

当前,由于人们对新型职业农民的概念界定和内涵理解的差别较大,有些理解比较片面,有些理解甚至是错误的,这样势必影响职业农民的培育实践,因此需要从概念内涵上予以把握,以避免实际工作的失误。

(一)农民和农民培训

1.农民。"农民"本身是一个职业概念,与"医生""教师"等职业是并列的一种职业,但是,受我国城乡二元结构的影响,其兼具职业和身份两种属性。随着市场经济的发展和社会的进步,很多"农民"离开农村,离开土地,到城镇从事非农领域的工作,但是无论职业如何,只要其农村户口不变,就是"农民"。本书中"农民"的概念界定为主要或兼职从事农业生产的劳动者,不包括已完全离开农村到城市工作但户口仍在农村的农民工、个体工商户和个体经营者等。

2.农民培训。培训是一种有组织的知识传递、技能传递、标准传递、信息传递行为。从大的方面来说,培训可以理解为人力资源开发的中心环节,而从小的方面说,培训即指为提高人们实际工作能力而实施的有步骤、有计划的介入行为。我们应在全面理解培训内涵的基础上,对培训做出合理的界定。本书所说的"培训"则主要指在知识和技能方面的培养。农民培训一般指使农民通过学习获得相应知识和技能的活动,是培训主体对农民进行技能训练或短期再教育的活动,包括管理型人才、技能型人才、生产人员等。

(二)新型职业农民和新型职业农民培育

1.新型职业农民的内涵。对职业农民概念内涵的界定,国内外专家学者目前尚未形成统一的观点。美国学者埃里克·沃尔夫(1966)指出,传统农民是身份意义上的农民,维持生计是他们从事农业生产的目的,而职业农民则将农业作为产业,并利用市场机制使报酬最大化的理性经济人。郭智奇(2011)认为,职业农民从事农业生产经营是自主选择的结果,具有充分的流动性,为了追求报酬的最大化,是能够主动适应现代农业市场化、产业化、标准化要求的职业人。李文学(2012)认为职业农民是农业内部分工、农民自身分化的必然结果,是国家工业化、城市化达到相当程度之后产生的一种新型职业群体。他指出,全职务农、高素质、高收入以及获得社会尊重是新型职业农民应有的四个特质。中国农业大学朱启臻(2013)教授认为,新型职业农民除具有农民的一般条件外,还应具有把务农作为终身职业、充分参与市场竞争和具有社会责任感三个条件。综上,在融合专家学者观点的基础上,本书将新型职业农民界定为:具有较高的文化素质、掌握一定的农业生产技能,以农业生产、经营或服务为主要职业的农业从业人员。从职业来看,新型职业农民必须专职从事农业生产经营;从素质来看,有文化、懂技术、会经营是新型职业农民主体观念、基本素养和职业能力的展现。这样把新型职业农民与兼业农民和传统农民相区分。当前,农村本土实用人才、返乡农民工、大中专毕业生、科技人员、退役军人等构成了新型职业农民队伍。

2.新型职业农民培育。2005年中共十六届五中全会提到的是"培训"新型农民,2007年十七大报告指出要培养新型农民,2012年中央一号文件提出"培育"新型职业农民。从中央发布的政策文件看,"培育"一词的选用经历了一个"培训"到"培育"的变化过程。就原意而言,"培训"是人力资源开发的重要方法,是有组织地向受训者传递知识和技能传递的行为,政府主要进行农民文化知识传授、农业实用技术培训等工作。"培育"不仅重视全面而系统的农民职业教育,更加注重通过"环境"和"扶持"去"育",从农民"培训"到"培育",充分体现了环境支撑在农民成长过程中的重要作用。综上,本书认为新型职业农民培育与原先的新型农民教育与培训不同,它在培育内容上不仅仅是农业生产技术的传授,而且还包括农产品加工与服务、农产品营销、农业管理知识培训和农业项目的开发等扶持,同时还注重制度变革和环境优化。

二、理论基础

(一)劳动力转移的推拉理论

英国经济学家拉文斯坦等人最早提出推拉理论。该理论指出,劳动力人口转移是农村推力和城市拉力共同作用的结果。他们认为,在大多数发展中国家,农业生产经营的比较效益低,对农村劳动力形成推力;而城市一般有较多的就业机会,具有较高的工资收入,较完善的生活设施和条件,这些因素对农村劳动力形成拉力。推拉理论对新型职业农民的培育具有重要的指导意义,只有不断推进城乡一体化建设,持续优化农村生产生活环境和条件,才会提高农业农村拉力,才会吸引更多高素质的劳动力致力于农业发展和农村建设。

(二)人力资本理论

人力资本理论学派众多,本书中所用到的是在经济学界被称为"人力资本之父"的舒尔茨的理论观点。舒尔茨是把人力资本作为一种生产要素去研究的。他曾指出,造成发展中国家农业落后和农民贫困的主要原因不是土地或自然资源的贫瘠,而是农业人口质量不高。他认为,由于政府实施以牺牲农业为代价而片面追求工业化的政策造成现实中农业的落后,向农民进行投资是政府改造传统农业的最好办法。其理论观点主要有三方面的内容:第一,人力资本的投资是促进经济增长的最主要因素;第二,人力资本在劳动者方面主要表现在劳动者的数量和素质上;第三,人力资本的形成依靠教育投资,具体表现有劳动者的知识和技能等方面。在当前我国正处于发展现代农业和建设城乡一体化的关键时期,必须要加大对职业农民的人力资本投资。

三、农业现代化进程中山东新型职业农民培育的战略性

(一)农业现代化的内涵及特征

农业现代化内涵随着经济、科技和社会的进步而变化,不同时期有着不同的内涵、特征和目标。总结国内外实现农业现代化的经验,结合我国农业发展现状和基本国情,为适应当前工业化、城镇化迅速发展的需要,农业现代化应以保障粮食和农产品供给、促进可持续发展为目标,以市场化、集约化、产业化、组织化、标准化为主要标志,以基础设施、科学技术和农民素质为支撑。农业现代化主要有三个特征:第一,农村社会发展加快,基础设施建设逐步加强,农业科技服务逐渐完善;第二,农业生产科技含量高,农业机械化、产业化、标准化、合作化经营管理开展迅速;第三,职业农民成为农业的生产经营者,能运用科技对农业进行规模化、集约化的生产和经营,并获取经济利益最大化。

(二)农业现代化对新型职业农民培育的新要求

农民的科技素质和经营管理水平直接影响着农业现代化进程,没有现代化的农民,就没有农业的现代化。只有从事农业生产劳动的人懂得应用先进的科学技术、掌握了先进的生产和管理经验,"有文化,懂技术,会经营",将资金、技术、劳动力有机结合,才能推进农业现代化进程,建设现代农业。生产机械化、规模化、集约化、科技化、市场化是现代农业的基本特征。现代农业对农业从业者提出了更高的要求。首先,现代农业技术的先导性和现代农业的生产要素集约性对农民的素质提出了更高的要求。农业现代化要求农民在生产过程中运用现代化的农业生产装备,掌握运用先进的农业科技成果。其次,现代农业经营的综合

性,要求农民具备较强的经营管理服务能力,具有较高的市场意识。农业现代化的本质要求就是农民职业化,从根本上提高农业劳动生产率、土地产出率和资源利用率,提高农业效益。

(三)农业农村现代化进程中新型职业农民培育的紧迫性与战略性

1.山东农村劳动力现状。根据第二次农业普查、第六次人口普查数据和山东统计年鉴等结果分析,山东省农业劳动力结构老龄化、低素质化日益明显。为避免因我省农业劳动力质量下降给农业生产带来更大制约和影响,必须大力培育新型职业农民。

(1)农业从业人员老龄化。人口老龄化是影响山东省农业劳动力老龄化的原因之一,根据第六次人口普查数据显示,2010年山东省65岁及以上人口942.98万人,占总人口的9.84%,同2000年第五次全国人口普查相比,65岁及以上人口的比重上升了1.81个百分点。山东省农村老龄化程度高于全省老年人口平均比例,65岁以上人口比例达到11.5%,农村人口老龄化进程加快。影响农业劳动力老龄化的最主要原因是农村青壮年劳动力的城市转移就业。根据国家统计局公布的数据,2014年在我国转移到城镇的农村劳动力中,分年龄段看,农民工以青壮年为主,16~20岁占3.5%,21~30岁占30.2%,31~40岁占22.8%,41~50岁占26.4%,50岁以上的农民工只占17.1%,这导致了留守在农村从事农业生产的劳动力出现老龄化。近年来,虽然政府逐渐加大了对农业和农村的支持力度,但是许多生长在农村的青壮年劳动力仍然不愿意从事农业生产。农业劳动力的老龄化直接影响现代农业发展,使一些农户更多选择易耕种、产量高的农作物,带来粮食品种结构日渐单一问题;农业人口老龄化且知识水平不高,学习先进农业生产技术的意愿和能力往往比较弱,阻碍了农业技术的推广和应用；农业人口老龄化所导致的粗放式生产会加剧农业土地资源浪费,制约农业可持续发展。美国、韩国和日本等发达国家,也出现了农业劳动力老龄化问题,但因为他们重视农业劳动力的职业教育培训,并且他们的农业机械化普及程度比较高,所以这些国家的农业劳动力老龄化并没有影响到他们的农业生产。

(2)农村劳动力素质相对较低。近年来,由于政府的重视和九年义务教育的普及，山东农村劳动力的受教育程度相比改革开放以来有了较大的提升,但农村劳动力素质仍然相对较低。山东省第二次农业普查主要数据表明，当前山东省农村劳动力的受教育水平仍集中在初中和小学两个阶段，所占比例达到了80%以上,而高中及以上程度的人数所占比例仍然很小(如表6.1报示)。

表6.1 山东省农村劳动力文化程度构成(%)

农村劳动力 文化程度构成	全省	平原	丘陵	山区
文盲	6.3	6.3	5.5	8.7
小学	27.2	26.8	26.9	32.7
初中	54.9	55.6	55.2	48.5
高中	10.5	10.3	11.3	9.3
大专及以上	1.1	1	1.1	0.8

资料来源:山东省第二次农业普查主要数据公报

不仅如此,随着工业化、城镇化的加快,流出农村的往往是文化程度较高的劳动力。据2014年全国农民工监测调查报告公布的数据,在农民工队伍中,具有小学及以下文化程度的只占15.9%,具有高中及以上农民工占23.8%,比上年提高1个百分点。山东省人社厅和国家统计局山东调查总队农民工监测调查推算,2014年二季度末山东农村外出务工劳动力总量首次突破千万,达1012万人,比上年增加26万人,增长2.6%。从文化结构来看,文化程度为高中及以上的占32.3%,比重比上年提高了2.8个百分点,而留守务农农民初中及以下文化者占到了87%。

(3)山东农村劳动力接受职业教育与培训较少。农业职业教育和培训是提升农村劳动力素质的重要途径,但山东省农业劳动力接受比较系统农业职业教育的人数很少,也缺乏农业职业培训。在接受农业职业教育方面,山东省高等农业教育和农业职业教育机构齐全,由于人们对职业教育的认可度不高,农业劳动力接受过系统的农业职业教育的人屈指可数;受社会大环境的影响,农业职业教育"轻农、去农、离农"现象严重,大学生和中专生毕业后"跳农门"。虽然山东省曾实施了许多农民培训的项目,但是培训真正直接面对农业生产经营的培训项目并不多,因为培训的重点主要是为了提高农村劳动力的非农就业能力。同时由于培训经费和时间等问题,农业培训涉及的人员较少,据统计数据显示,2012年山东省"阳光工程"覆盖80个项目县,培训19.5万人,进行了职业技能培训和专项技术培训,与山东省农村庞大的劳动力人群相比显得微乎其微。

2.农业现代化进程中山东培育新型职业农民的战略性。目前,我国正处在传统农业现代化转型的重要时期,在农业生产经营的各个环节中，越来越多地运用先进农业科技成果和现代经营管理方式。美国学者舒尔茨提出，改造传统农业，杂交种子、机械这些物的要素要引进，更要引进具有现代科学知识、能运用新生产要素的人。没有现代化的农民，就没有农业的现代化，农业现代化迫切需要新型职业农民来推动，以此实现保障国家粮食安全、推动农业可持续发展和提升农业科技应用水平的战略目标。

(1)培育新型职业农民队伍是保障国家粮食安全的战略选择。现代农业发展的首要任务是保障和维护粮食安全，新型职业农民是保障粮食安全的核心力量。首先，新型职业农民有保障粮食安全的条件和能力。新型职业农民长期以农为业，不再是兼业农民，他们有知识、有文化、懂科技、会经营，是真正的农业继承人。他们通过土地流转、承包等途径进行专业化生产和适度规模经营，不断提高农业经济效益。其次，新型职业农民有保障粮食安全的内在动力。新型职业农民是追求利润最大化的理性经济人。他们在农业生产上的投资高于小规模农户，在国家粮食生产扶持政策刺激下，追求利润会带来产量最大化和品质优质化的客观效果，将对国家粮食安全起到保障作用。

(2)培育新型职业农民有利于提升农业可持续发展水平。现代农业是可持续发展的农业，新型职业农民是转变农业发展方式、推动农业可持续发展的主要力量。我国农业发展地少水缺，随着城镇化水平的提高和城乡居民食品消费的升级，农业资源环境高度紧绷成为新常态。山东作为农业大省要继续保持农业竞争力，必须要加快转变农业生产方式。与传统农户相比，种养殖大户、家庭农场主等新型职业农民把务农作为长期甚至终身职业，具有较强的职业稳定性，有利于对土地的长期悉心维护；他们对现代生产要素需求更为强烈，也具有更多的社会责任感，更容易接受现代农业科技成果,有利于提高农业资源利用率,进一步推动农业可持续发展。

(3)培育新型职业农民有利于提升农产品质量安全水平。随着我国经济飞速发展,城乡居民收入水平、消费能力和安全健康意识的不断提升,人们对农产品质量安全的要求日益提高。市场经济条件下,小规模分散性农户经营与千变万化的市场对接难,技术采纳和应用不足,给农产品质量安全带来了很大隐患;他们与小商贩为主体的分散流通相结合的生产供给模式,也为质量安全监管和质量追溯带来很大的难题。新型职业农民为适应竞争激烈的市场环境,寻求更多的市场机会,实施品牌经营战略,更注重农产品安全生产,有利于促进产业健康持续发展。同时种养殖大户、专业合作社负责人、龙头企业工人等新型职业农民除自身发展外,还积极领办组建或参与现代农业组织体系和多种现代农业经营模式,通过现代农业经营主体整合了农业资源,进行标准化生产,便于建立"从田头到餐桌"的质量安全追溯保障制度,保障农产品质量安全。

(4)培育新型职业农民是提升农业科技支撑水平的需要。现代农业是技术密集型产业,需要高素质的现代农民来推动发展。同兼业农民相比,职业农民有着很强的科技意识,为追求利润最大化,成为农业科技的需求主体;相比较传统农民,职业农民整体素质较高,不仅使学习采用新技术的成本下降,风险成本减少,提高了采用新技术的内在动力,同时接受和应用新技术的能力强,是农业科技成果得以转化成生产力的保障。

(5)新型职业农民是培育现代农业经营主体的需要。党的十八大提出,要积极培育新型农业经营主体。新型现代农业经营主体最大特点是对农业的现代化经营,新型职业农民是各类新型经营主体的基本构成单元。山东新型农业经营主体大量涌现的同时，许多组织却面临劳动力资源的不足瓶颈，影响其发展和壮大。加快新型职业农民队伍建设，促进现代农业生产经营主体的成长和发展，推进规模化、集约化专业化、标准化的现代农业发展。

第二节　发达国家职业农民培育经验及启示

发达国家在农业现代化发展道路上，对职业农民培育都给予了高度重视。他们从自身国情和禀赋条件出发，在职业农民培育方面大都已建立起一整套制度和教育培训体系。本部分选择美国、英、德和韩国等典型发达国家作为分析对象，为培育新型职业农民的研究提供可借鉴的经验。

一、发达国家职业农民培育经验

美、英、德、韩等发达国家在实现农业现代化历程中，尽管各国国情状况和国民素质不同，但培育职业农民的很多做法和经验值得我们借鉴。

(一)注重职业农民培育的立法保障

通过立法保障职业农民培育的顺利开展，是各国的普遍做法。发达国家通过立法保障农民职业教育的地位，规范和协调政府部门、培训机构和农民的责任与义务，明确了农民职业教育的公益性，保障了农民培育所需的人力、物力和财力，促进了发达国家职业农民培育工作的顺利开展，推动了职业农民培育的规范化、制度化发展。

1.通过立法保障农民职业教育培训的顺利开展。从 1862 年出台的《莫雷尔法案》开始，在随后的一百多年中美国先后制定颁布了《就业机会法》等数十部有关职业教育法律法案,为美国职业农民培育的顺利实施和推进提供了法律保障。韩国为解决农村青年人大量下降,特别是高学历的青年农民离开农村和农业的问题,先后颁布了《农渔民后继者培养基本法》和《农渔村发展特别措施法》,以此吸引高素质青年人从事农业生产,培养并强化其农业生产经营技能,为培养农业后继者和专业农户从法律上提供了保证。

2.通过立法明确农民职业教育的公益性。农民职业教育关乎国家粮食安全和现代农业发展,具有明显的公益性,持续稳定的资金投入是农民职业教育公益性实现的重要保障。发达国家通过完善的法律,使农民职业教育培训的资金投入规范化、稳定化。各国都以政府资金投入为主,同时也注意激励企业和协会积极参与培训。英国农民培训的70%的经费开支由英国政府财政负担,德国国家教育投资的15.3%用于农民教育。为保障培训的公益性,许多国家的法律规定,参加培训的农民一般不交或仅交纳很低的费用,不仅如此,有的国家还向参加职业教育培训的农民支付一定的补助。如法国政府用相当于高等农业教育的拨款数对农民接受职业教育培训进行拨款,主要用于补贴农民参加培训期间的工资和津贴,调动了农民教育培训的积极性。

(二)构建系统的职业农民培育体系

经过长期的探索与实践,发达国家建立了由政府主导、学校、社会、民间力量多主体参与的系统的职业农民培育体系。

1.设立专门的管理机构。由于农民培养量大面广,多部门参与,为有效地开展农民教育培训工作,发达国家普遍设立专门的教育培训管理机构。英国《农业培训局法》规定教科部负责院校教育,同时也抓院校的职业培训。韩国的农民教育培训由国家统筹规划,具体由具有教育培训资质和职能的科研、教育和培训机构,包括农业协作合同组织、农业大学和农村振兴厅等部门来负责,教育培训分工协作,1969年德国联邦政府颁布的《职业教育法》,规定农业协会主管农民培养工作,地方教育部门和培训农场协同推进。

2.职业农民培育主体多元化。为满足农业现代化发展对人才的需求,发达国家逐渐形成政府为主导,以农业院校、各类培训机构、农业协会和农技推广站等为补充的多个层次相衔接的职业农民教育培训体系,形成一主多元的趋势(如表6.2)。

表6.2 各国农民教育培训实施主体比较

美国教育培训实施主体	欧盟教育培训实施主体
州农学院	农业大学和农学院
试验站	农业职业技术学校
推广站	农研所和农学会
农业中学	农业联合会
	农场
韩国教育培训实施主体	日本教育培训实施主体
农协	文部科学省各类学校
农业大学	农林水产省属各类农业大学校
农村振兴厅	农协
农村文化研究会等民间组织	农业改良普及中心

通过相关法律的制定和实施,美国建立起了以政府为主导,以农业院校为基地,以社会培训机构为补充,实现农业教育、农业科研和农技推广三位一体的完善的农业科教培训体系。为调动了企业组织培训的积极性,确保农民培训的市场需求为导向,德国通过立法,由企业和个人以纳税形式缴纳培训费用。韩国的农民教育培训也十分注重政府与社会多元化机构的合作,在国家统筹规划下,逐渐形成以农村振兴厅、农业院校和农民协会为主体,同时积极吸纳各种社会力量共同参与的培训体系。

3.职业农民培育模式多样化。国外很多发达国家农民教育培训的核心:以农业生产需要、农民需求为基础,注重实践操作能力、创新能力的提升。随着农业和农村社会的不断发展,发达国家不断创新教育培训模式,教育培训趋向多样化。韩国农民在接受培育时不是由政府统筹安排培育课程,而是根据自身需要使用培训券来支付培训费用。此外现代远程教育已成为多数发达国家的农民培育形式,网络远程教育不仅为农民的基础理论教育提供方便,而且广泛传播农产品交易价格、农业市场供求等农业信息,促进了农民市场观念的提升,加速了其融入市场的步伐。

(三)建立严格的农民职业准入

许多发达国家较早地实现了农民职业化,"持证种田"是许多发达国家的普遍做法。在农业现代化水平较高的欧洲,劳动者要想获得农民从业资格,必须首先完成农业职业教育,考试合格且获得"绿色证书"才能从事农业生产。发达国家职业农民认证形成了完善的认证体系和法律保障体系。

1.严格的认定标准和程序。发达国家职业农民认定标准以资格证书的形式体现，英国职业农民资格证书分农业职业培训证书和技术教育证书两类。德国职业农民资格证书分为 5 个级别(如表 6.3)。虽然发达国家职业农民的认定证书在类别和名称上有差异，但在认定程序上都设置了完善的考试考核机构和严格的考试制度，指定了不同人员组成的考评委员会，考试合格后才能获得证书，且考试级别有等级划分。比如英国由 14 家社会认证机构负责农民资格认证，政府设立由农场工人、农场主和教师代表组成一个专门的职业资格考试委员会，有一整套严谨的监督检查程序。

表 6.3 德国职业农民资格证书名称及功能

等级	名称	认定标准	证书功能
1	学徒工证书	通过规定的结业考试	初级证书,但非合格职业农民
2	专业工证书	经历 3 年的农业职业教育，通过规定的结业考试	农业专业工人,合格职业农民
3	师傅证书	通过一年制的专科学习，或参加农业师傅考试	有独立经营农场和招收学徒的资格
4	技术员证书	通过两年制的农业准可学校深造	可担任技术员和领导
5	工程师证书	经考试，到高等学府深造并毕业	可担任农业工程师(欧盟颁发)

2.完善的法律保障体系。西欧发达国家职业农民资格认定有完善的法律和政策扶持体系作保障。依据德国颁布的《职业教育法》，受训者必须经过正规的职业教育，通过国家考试取得农业师傅证书才能获得农场经营权,成为农民职业教育的基础法律。依据法律规定,法国公民必须接受职业教育,在获得相关证书后,才可以享受国家政策补贴和农业优惠贷款。发达国家通过法律手段,把农业教育培训和农业生产经营挂钩,建立起了严格的职业准入制度。

(四)重视职业农民的政策支持

1.对职业农民实施专门的支持政策。重视持证农民的权益保护,推动其加快发展,是发达国家职业农民培育的普遍做法。许多国家在政府农业补贴、金融信贷和农业产业继承等方面,都给予职业农民优先权。为调动职业农民的务农积极性,政府对于持证的农民在技能培训、贷款、经营农场很多优惠政策。比如丹麦农民通过教育培训获得绿色证书者, 可以获得政府给予地价10%的利息补贴,并能享受诸如环境保护等经济补助。

2.注重青年农民的政策扶持。为应对青壮年农民数量短缺,农业从业人员老龄化问题,发达国家非常注重青年农民的教育培训和政策扶持。欧盟 CAP 设立"青年农民计划"(Young Farmers Scheme),对 40 岁以下的青年农民实行最高 2%的直接财政支付专项,支持其进行农业经营,使青年农民得到实惠。韩国政府高度重视农业后备军的培育,政府每年选拔 1000 名不满 35 岁的创业型农民,不仅免除他们服兵役,还为他们提供资金支持、培训机会和经营用地。美国针对农民日益老龄化的现实,《2014年农业法案》提出延续 2008 年提出的"新农民发展计划"

（Beginning Farmer and Rancher Development Program），计划耗资 1 亿美元对新农民进行培养。

二、发达国家职业农民培育经验的启示

随着工业化城镇化的推进，农业劳动力老龄化、低素质化凸显。新型职业农民的培育是确保农业后继有人的重要举措，是加快农业现代化进程的关键环节。美国、欧盟和韩国等发达国家和地区，虽然在农民素质和农业发展条件等方面与山东省有很大不同，但他们在职业农民培育中所遵循的基本原则值得我们学习。借鉴发达国家新型职业农民培育中的经验，结合山东省实际，加快制度创建、机制创新和政策完善，加快新型职业农民培育步伐。

（一）制定相关法律，规范保障新型职业农民培育

发达国家经验证明，制定相应的法律法规是职业农民培育中的关键环节。完善的法制可以明确政府部门、培训机构的职责，规范经费和师资的投入，保证职业农民培育工作的顺利开展，同时相关配套制度和扶持政策也有利于保障农民权益，调动他们的培育和生产积极性。目前，我国现有的法律条文对农民教育培训只是作了一些原则性的规定，缺乏可操作性，对认定管理和政策扶持等方面缺乏明确、具体的规定，各地区职业农民认定标准和扶持政策不一，法制建设严重滞后于新型职业农民培育实践。借鉴发达国家职业农民培养的立法经验，加快新型职业农民立法进程，以法律形式明确职业农民教育的地位、扶持措施和考核评价，对培训机构、经费投入、师资队伍等加以规范，把职业农民培育纳入法制化和规范化的轨道，为职业农民培育提供保障。

(二)整合教育资源,完善新型职业农民培育体系

无论是美国、英国、德国还是韩国,各国通过长期实践形成了以政府为主导、高等院校、行业协会等积极配合的培育体系。政府整合各类教育资源、协调各部门分工合作,鼓励调动合作社、行业协会和民间组织办学积极性,满足了不同层次农民的需求,提高了培训的质量和效率。借鉴国家的经验,由于新型职业农民培育是一项多部门参与的系统工程,政府要继续发挥为主导作用,加强教育、农业和科技等部门资源的整合,借鉴美国实施农科教结合的经验,积极发挥农业院校、科研院所和农技推广部门的作用,强化培育联动机制,形成合力。同时借鉴发达国家以政府购买方式推进非政府组织参与农民培育的普遍做法,鼓励涉农企业建立农民培育基地,发挥培育基地的引领、示范和带动作用。借鉴发达国家经验,支持和鼓励农民自发成立农业协会和合作组织,进行自我教育。逐渐形成以农广校、农民科技教育培训中心为主体,涉农科研院所、农技推广部门、农业龙头企业为辅的"一主多元"的培育体系。

(三)完善政策体系,健全新型职业农民培育制度

从西方发达国家扶持职业农民的措施看出,完善的农业政策和农民扶持政策是培育和壮大职业农民队伍的重要保障。当前农业依然是弱势产业,需要国家政策扶持。同时山东新型职业农民培育方才刚刚起步,规模有限,现有扶持政策大多以条例或地方性指导性文件的形式出现,缺乏规范性和整体性,缺乏国家和省层面对新型职业农民的专项扶持政策保障。可以借鉴美国和欧盟等国和地区的扶持农业和农民的政策,立足当前实际情况,制定一系列的农业扶持政策,加大强农惠农支持力度,在农

业保险、技术支持、信贷、市场营销等各方面给予农民扶持与帮助,保障种地得到实惠;借鉴欧盟实施的"青年农民计划",制定优惠政策吸引高素质中高等学校毕业生和其他有志青年到农村务农创业;另一方面出台专门的新型职业农民培育政策,在产业扶持、教育培训和社会保障等方面进行倾斜和扶持。

第三节 山东省新型职业农民成长与培育现状

一、山东省新型职业农民培育现状

山东是农业大省,历来重视农民教育和培训。自 1994 年以来,山东省积极开展落实国家层面的"绿色证书""劳动力培训阳光工程""新型农民培训计划"等一系列工程,为农村建设和现代农业发展培育了大批农村发展带头人才和农业技能型、经营型技术骨干。2012 以来山东省积极实施新型职业农民培育工程。

(一)山东省新型职业农民培育主要做法

1.加强组织领导,制定实施方案。为培育好新型职业农民,山东各级政府及农业部门高度重视这项工作,成立了工作领导组,明确了工作的指导原则,把培育生产经营型、专业技能型和社会服务型的职业农民作为工作的目标任务。各试点在实践中,具体制定了新型职业农民认定管理办法和教育培训制度,出台了相关扶持政策。

2.县级试点先行,稳步推进培育。2012 年 8 月,农业部办公厅下发《关于印发新型职业农民培育试点工作方案的通知》,山东齐河、招远和桓台等六县市被农业部列为全国试点县。经过

2013 年的试点,六县市被确定为全国新型职业农民培育工程示范县。2015 年山东将临沂市确定为新型职业农民培育整体推进市,同时在全省选择了 82 个县(市)作为新型职业农民培育工作示范推进县(市)。2012~2015 年,共培训新型职业农民 7 万余人、认定超过 1 万人。2015 年 9 月,山东省出台实施就业优先战略行动方案,计划每年培训 10 万名有文化、懂技术、会经营的新型职业农民,将进一步加快新型职业农民培育步伐。

3.整合优势资源,形成支撑体系。在培育过程中,政府负责宏观管理和过程监控;农广校等培训机构培育中占主体地位,组织优秀教师负责教育培训全过程;省农广校按区域建立农民教育培训基地,选择部分农民专业合作社和龙头企业配套建设生产经营型实训基地;各市县依托农民田间学校和各类试验示范基地配套建立农民培育实训基地。农民培育实训基地为农民学员提供实践的场所,增强学员实践能力,构建了多层次、多形式的新型职业农民培育支撑体系。

(二)山东省新型职业农民培育的模式

山东各地以产业为立足点,积极探索建立新型职业农民培育长效机制,完善管理办法及政策支撑体系,在新型职业农民的培育上进行了多层次探索,形成了新型职业农民培育特色模式。下面以山东齐河、招远和桓台最早试点县为例,分析山东省新型职业农民培育的特色模式。

1.分产业认定培育对象。产业是农民专业化和职业化的基础和前提,实施动态化的资格认证管理是新型职业农民培育的重要环节。调查显示,三县市在培育实践中,一方面,立足主导产业认定培育标准。根据当地优势主导产业,遴选粮食、果树、蔬菜等产业为试点产业,以农民的种植规模、科技含量、带动能力等为条件,制定了不同产业、不同类型的新型职业农民的具体认定标准。另一方面,依据认定标准遴选培育对象。农民自愿申请,政府逐级审核,认真筛选种养殖大户、家庭农场主、合作社负责人等作为新型职业农民培育对象。对认定的新型职业农民及时进行了公示,对新型职业农民实行动态管理,建立准入和退出机制。2013年,招远市共培育新型职业农民240人,首批认定初级职业农民40人。2014年度,招远市共有350名新型职业农民学员参加培训,有348名农民获得了新型职业农民资格。经过2013年的试点,2014年德州市齐河县700名培育对象经过层层选拔评审,有200人获认定。

2.分层次加强职业教育培训。以阳光工程等项目为依托,分层次分别开展职业技能和经营管理培训,打造出了一条新型职业农民培育线。一是充分利用职业教育平台,把有农业创业的希望进行学历提升的新型职业农民推荐到职业院校进行学历培养。齐河采取农学结合弹性学制,实行"送教下乡"教育模式,开展以中等职业教育为主的专业学历教育。二是以农村劳动力培训阳光工程为依托,组建讲师团,各地依据农民学习特点和农时季节,结合县域特色,实行集中培训和分散培训相结合、课堂教学和实践操作相结合的教育培训方式。比如,招远一方面根据农时季节,由培训教师到镇开展集中培训,依据农民学习特点,到示范基地和果园开展田间课堂"实践式"培训,农民与专家和辅导员进行互动交流;另一方面组织学员到省级农广校培训基地实行军事化培训,加强经营管理知识和创业技能知识的系统的理论培训,同时组织农民到龙头企业和产业化科技园区进行参观学习,开阔学员视野。三是对已经获得证书的新型职业农民加强后续的培训和指导。建立后续跟踪平台,通过手机短信等方式根据时令季节向农民发送创业、灾害预防等信息,指导农民进行有效生产经营。利用互联网技术搭建科技信息服务平台,利用平台进行沟通联系,实现资源共享,共同致富。

3.分领域制定扶持政策。三县市在实践中,党委、政府注重整合集成现有惠农政策,从当地情况出发,因地制宜出台了《新型职业农民扶持奖励办法》。在建设上支持,在涉农项目的安排上新型职业农民具有优先权;在保障上扶持,对职业农民在生产当中的风险处置安排上,扩大农业保险范围,减少农业生产的风险;在政策上激励,加大对认证农民在土地流转、无公害产品生产经营等的奖扶力度, 提高农业从业人员积极性。实践中,在2013年的试点工作中,山东省桓台县农业局制定了粮食产业生产经营型新型职业农民的8项扶持政策, 对获得粮食产业生产经营型新型职业农民证书的农民进行激励扶持, 在促进当地粮食产业的稳定发展等方面显示了生机和活力。根据《招远市新型职业农民支持扶持政策》规定,获认定的新型职业农民连续2年获得市财政补贴,按照初级、中级和高级依次为300元、400元和500元,并在保险、金融和税收等方面给予优惠或减免。获证职业农民流转土地发展果树达到100亩以上的,政府奖励10万元。2013~2014年度发放认证农民奖金24.87万元。齐河出台的新型职业农民扶持政策规定,获认定农民在农机补贴、农业奖扶和涉农项目申报上具有优先权;对获得"三品一标"认证、食品质量安全认证和商标注册的认定农民给予奖励。

(三)山东新型职业农民培育的主要成效

结合当前农业农民发展的现状，围绕新型职业农民"有文化、懂技术、会经营、成组织"的基本内涵和特征,各地加强了专业化、产业化和组织化培育,成果显著,为新型职业农民培育指明了方向。结合山东省齐河、招远和桓台三县市实践,培育取得的成效主要体现在以下几个方面:

1.坚持专业化培育,产生了一批先进典型和科技示范户。专业化都是职业化的基础。在实践中,三县市加强对新型职业农民进行专业化培育。一是分地域培育。山东各地的农业生产具有差异性,试点县培育新型职业农民时从当地地域情况出发,结合当地农业农民的发展现状,进行专业化培育,培养农民适应当地特色农业生产经营所需的农业知识和专业技能、经营管理能力。如,桓台是平原地区,也是粮食主产区,土地比较容易集中,有利于农民机械化、组织化生产,重点培育与机械化生产和土地集中经营的农业机械手、种粮大户、家庭农场主等相关职业农民;招远是丘陵地区,果树种植面积较大,着重对农民进行果树育苗、果业生产管理技能等方面的培育。二是分对象培育。首先,从职业特征和需求出发,分别对生产技能型、经营管理型和技术服务型三类进行培育。其次,针对处在不同发展阶段的职业农民采取相应的培育措施。对于具有丰富的生产管理经验的农民,加强培训,使其取得职业农民证书;对已经获得证书的新型职业农民加强后续的培训和指导;并大力鼓励支持其进行学历教育。坚持专业化培育,提高了新型职业农民的综合素质和专业技能,出现了一批先进典型和科技示范户,影响和带动村民推广应用农业新技术和新品种,加快土地流转,扩大经营规模,促进农民整体素质提升和当地生产发展。

2.强化产业化培育,推动了农业标准化、规模化发展。一是培育依托地方特色农业的发展。三县市依托当地主导农业和特色农业的发展,使新型职业农民的培育接地气。例如,桓台根据当地平原地区农业发展的特点,重点对新型职业农民进行农业机械应用与维修、深松精量施肥、粮食田间管理、贮藏和农产品加工等方面的培育。在招远丘陵山区,利用当地果业林业资源,着重从苗木繁育栽培、果品加工和农业服务等方面对农民进行培训。二是培育以市场为导向。现代农业产业化的特点要求农民的经营方式必须由小农经营转变为以市场为导向的产业化经营。为此,各地农广校在培育时,科学设置培育内容,除了开展实用性的专业知识和技能的培训之外,针对种养殖大户、农业企业负责人和合作社负责人等新型职业农民,加强包括市场经营、农业创业市场分析、创业风险的防范、现代物流管理等方面的经营管理方面的培训,提升农民的市场意识和市场竞争能力,增强其生产经营的管理水平和进行决策的能力,努力将农民培育成为会经营、善管理的职业化的市场主体。三县市经过摸索,逐渐积累了依托产业发展催生职业农民,在培育中壮大产业的成功经验,促进了当地产业向标准化、规模化方向发展。比如,桓台经过一年的培育,2013年3月基本符合桓台县新型职业农民条件的种粮大户只有53人,到11月底发展到220人,经营面积达到4.5万亩,人均种植205亩。

3.推动组织化培育,提升了农业社会化服务水平。面对瞬息万变的市场需求和经营风险,农民必须拥有足够的资源、信息,因而加强联合形成不同的农业经济组织是一种必然。依托农业经济组织,个体职业农民能够提高生产能力、应对市场风险能力和信息获取能力,有利于增强市场竞争力。三县市在培育中注重加强新型职业农民的组织化培育。在实践中,有不少认证新型职业农民注册登记了家庭农场,牵头领办或参与了农民专业合作社。比如,桓台 2013 年培育对象中有 15 人领办了农民专业合作社,有 11 人注册登记了家庭农场。截至 2015 招远市有 60 多名新型职业农民创办了专业合作社,共吸纳 17000 余人入社,创造了 2300 多万元的经济效益。合作社在生资供应、技术服务和市场开发等方面发挥了聚力规模效应,促进了新型农民成长和农业社会化服务的发展。职业农民领办的农业经济组织是根据当地的农业产业链环节和农民从事的具体农业经营来构建的,与当地的农业生产密切相关,有利于组织开展各种职业农民教育和培训工作,有利于更多新型职业农民的成长和发展。

二、山东省新型职业农民培育存在的问题分析

当前山东省新型职业农民在一些地区开始成长和发展,但现有的国情背景下,新型职业农民培育依然面临多重困境。本研究通过对山东齐河县、桓台县和招远市三个县的新型职业农民培育现状进行调查、分析,为构建的职业农民培育机制奠定基础。

(一)研究对象与研究方法

1.研究对象和研究方法。为了解当前山东省新型职业农民培育现状及问题,基于地理位置的差异性和经济发展的不平衡性的考虑,2015 年 7 月至 9 月,课题组选取在山东省西部、中部、东部三个农业部 2012 年认定的 100 个新型职业农民试点县中的(德州齐河县、淄博桓台县和烟台招远市)进行调研。在三县市涉及乡镇的村委会的支持下,围绕当地主导产业,根据培育实际情况,采取分层随机抽样方法,每个县选取 3 个乡(镇),每个乡(镇)选 3 个村,每个村选取 20 名农户的方式选取样本,共选取 9 乡(镇)27 村 540 人,调查对象限定为当地种养殖大户、家庭农场主、农业专业合作社成员以及普通职业农民等多种经营主体,就其人口结构情况、生产经营状况、培训状况开展调查。调查主要采用抽样问卷调查、访谈法调查法。调查员主要由山东理工大学来自上面三个县的当地的本科生组成,在问卷调查前对其进行了系统的培训。同时,课题组成员分别对新型职业农民培育主管部门(农科教)、村委会和参训农民进行访谈。本次调研共发放问卷 540 份,回收问卷 514 份,回收率为 95.2%,其中有效问卷为 489 份,有效率为 95.1%。由专业人员对有效问卷进行编码、数据录入和统计分析。

2.调查结果统计分析。

(1)劳动力结构情况。人口结构方面:在接受调查的对象中,从性别来看,男性占 69%,女性只占 31%。从文化程度来看,大专 3.3%,高中 24.9%,初中 48.4%,小学 23.4%,初中文化程度的所占比重较大,达到 48.4%,而高中及以上文化程度的比重较少,仅占 28.2%。表明新型职业农民培育群体文化程度较低。从年龄来看,(见图 6.1)30 岁以下 3%,31~40 为 13%,40~50 占 45%,50~60 岁为 39%,劳动力人口老龄化明显。

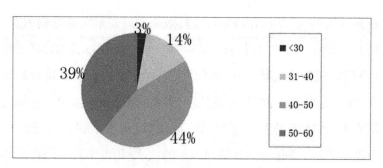

图 6.1 农民年龄构成

数据来源:实地调研所得

从事农业背景来看,如图 6.2 所示,长期务农有从事农业背景的比例最高,达到 76%,而大学毕业创业的比例最低仅有 1% 左右,复转军人从事农业背景的比例不高,只占 5% 左右,打工返乡的占 7%,在职村干部从事农业背景占 11%。从调查对象的人口结构来看,目前从事农业生产经营的农民来源比较广泛,但高素质的青年从业者较少。

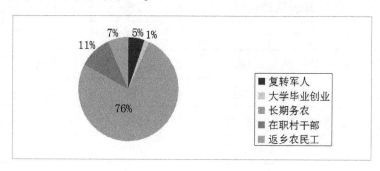

图6.2 农民从事农业背景

数据来源:实地调研所得

(2)培训现状方面。通过访谈调查,被调查对象中高达77.1%的调查对象表示没有参加新型职业农民培训。如表 6.4 所示,调查显示没时间和培训内容不合适、效果不好是最大的影响因素,163 位农民认为自身没有时间参加培训,占样本总数的 43.2%。119 位农民听说效果不好,培训内容不合适占 31.6%。培育名额少,宣传力度不强也在一定程度上影响了农民的实际参训行动,调查发现 75 名的农民不知道培训信息;98 位农民认为想参加但没有名额。还有一部分是因为年龄大、学历低不符合培育条件也学不会,最终没有参加培训。总体来看,农民没有参与培训既有主观约束,也有客观制约。农民自身培育意识、文化素质和缺少时间等是制约农民参与培育的主观因素,而培育名额少、宣传力度不足等客观因素在一定程度上也制约了农民培育的积极性。

表6.4　农民没有参加培训的原因(n=377)

原因	频数(人)	比重(%)
不知道培训信息	75	19.9
没有时间	163	43.2
培训地点太远	77	20.4
培训内容不合适	119	31.6
想参加培训但没有名额	98	26
其他年龄太大学不会等	89	23.6

数据来源:根据实地调研数据整理所得

调查发现,农民参与培训的目的具有多样性,但通过培训提高职业技能和增加收入所占比重较高,分别占 51.3%、25.2%、反映了农民把教育培训作为增加技能、实现增收致富的一条路径;

同时他们十分看重政府对农民的扶持政策,比重占19.9%,希望通过资格证书获得相关优惠政策,增加收入。对112位参加培训的调查对象的供给主体进行分析,如表6.5所示,个体参加过政府部门、农广校等提供的培训所占比重高,达85.2%,而社会培训机构、龙头企业和合作社提供培训的比率较低,分别只占4.5%、2.5%和7.8%。这表明在当前职业农民培育中,政府处于主导地位,农业合作社和龙头企业等其他培训单位的积极作用并没有得到充分发挥。

表6.5　新型职业农民接受培训的供给主体(n=112)

培训供给主体	频次(人)	有效百分比(%)
政府部门(农广)	95	85.2
社会培训机构	5	4.5
龙头企业	3	2.5
合作社	9	7.8

数据来源:根据实地调研数据整理所得

(3)生产经营方面。从经营模式来看,调查对象中72.1%没有参加农民专业合作社,组织化程度比较低,大多仍然是单一化、分散化经营。从从事农业经营结构上来看,职业农民由于缺乏资金、经营管理知识等原因,同时受当地农业产业化水平影响,从事农产品加工、服务、销售的职业农民所占比重较少,如图6.3所示,分别只占3%、9%、2%,分布不合理。

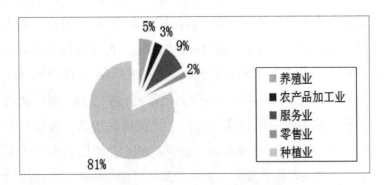

图 6.3 农民从事农业领域结构

数据来源：根据实地调研数据整理所得

从调查对象生产经营情况来看，农民主要是单一化、分散化经营，难以面临农业生产带来的风险，希望政府在技术、资金和保险等方面加大对扶持力度。从政府对发展农业提供的帮助需求来看，需要政府在技术服务方面给予帮助所占人数最多，比例最大，同时在项目资金和优惠政策方面也有很大需求（如图6-4所示）。

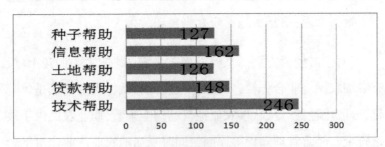

图 6.4 农民农业发展需求

数据来源：根据实地调研数据整理所得

(二)山东省新型职业农民培育中存在的问题

1.新型职业农民培育群体整体水平有限,增加了培育的难度。抽样调查显示,三县市从事农业生产和经营的农民综合素质不高。首先,文化程度偏低。三县市从事农业生产经营的农民虽然文化程度大部分为初中或高中,但从农业现代化对从业农民的学历要求看,仍有一定的差距。由于农村劳动力文化程度低,不仅在接受教育培训时理论知识的学习掌握有一定困难,同时对生产方式、生活方式和思维方式都有很大影响。农民的经营管理理念、抵御市场风险的能力偏弱,很难适应新型农业产业化发展的需要,为通过技术培训引导留守农民向新型职业农民转变带来困难,增加了职业农民培育的难度。其次,年龄偏大,缺乏农业生产经营的可持续发展能力。再次,观念落后。由于年龄和文化程度等原因,农村劳动力大多不愿意让自己的孩子从事农业,调查显示,受访农户中,愿意让自己孩子从事农业生产当职业农民的仅占 17.4%。通过访谈,三县市职业农民来源比较单一,绝大多数由当地传统农民转换而来。职业农民整体文化素质不高、年龄偏大,尤其是高技能、高层次人才紧缺,同时新生代农民大多不愿从事农业生产,在老龄化的背景下新型职业农民培育面临学员组织难、培育难的问题。

2.新型职业农民培育体系不健全,制约了培育的规模和力度。

(1)培育资金不足。当前新型职业农民培训的经费来源单一,培训主要以"政府买单"的形式财政下拨。但是相对于参训人员的增加,国家和省下达的资金可谓杯水车薪。调查显示,桓台县作为国家级新型职业农民培育试点县,连续三年得到国家 160 万元经费。从国家设立培育 1 名新型职业农民的 3000 元标准看,只有千余个名额。淄博市耕地面积 317 万亩,按照 1 名新型职业农民种植 100 亩土地计算，淄博市仅种植业就需培育新型职业农民近 3 万名。调查中发现有很多农民想参加培训，但培育指标的有限性制约了农民职业化进程，影响了培育规模和力度。

(2)培育主体比较单一。新型职业农民培育刚刚起步，目前主要以各地各级农广校、高中等农业院校等政府主导为主体，培育主体比较单一。2013 年山东工商登记注册的农民合作社数量达 93193 家，但大部分农民专业合作社规模比较小，教育培训功能还不强，合作社内部开展的教育培训主要是所处行业的快餐式生产技能培训，内容单一，而农业企业等参与培育的激励机制不健全，其作用远未得到充分发挥。为适应现代农业产业发展的人力资源需求，必须考虑吸引包括农业企业、农民合作组织等方面力量参与新型职业农民培育，形成多层次的培育体系。

(3)培育资源缺乏统筹。新型职业农民培育内容包括职业农民的技能培训和创业培训、学历教育和后续技术服务等多个环节，需要农业、教育和科技等部门来组织领导，农广校、农业职业院校和农业科技推广部门参加，但由于技能培训、学历教育和技术推广服务等分属农业、教育和社会保障等多部门，目前新型职业农民培育没有设立独立的管理机构，各种培育资源之间缺乏统一领导规划，存在分头管理，统筹协调和衔接性不强，导致培育资源分散、重复培训，影响培育效果，也造成培育资源浪费。

3.新型职业农民培育机制不完善，影响了培育的效率效能。

(1)培育专职教师不足。当前，新型职业农民培育专职教师队伍总量不足，缺少真正了解农村基层情况的教师，尤其是双师型教师严重短缺。参与新型职业农民培育的教师，虽然他们学历、职称较高,专业化水平较强,但与参训农民的文化水平不高的认知特点不能有效对接,对当地的经济发展水平、农村产业结构的现状及农民参训需求缺乏了解和分析较少,影响培育效果。

(2)培育模式比较单一。通过访谈,当前大多数农民培训通过聘请有关方面的专家和技术人员,以举办培训班、课堂讲授为主要形式进行,在培训中由于受经费、基地和师资所限,深入田间地头开展的技术指导和示范教学等培育模式大部分培训机构考虑较少;由于农村信息基础条件比较薄弱,加之农民素质文化素质较低,现代的网络远程教育模式难以大范围普及,不利于农民对农产品生产信息和市场信息的获取,影响了培育效果。

(3)培育缺乏长效机制。职业农民培育工作起步较晚,培育的考核和监督长效机制尚未建立,导致培训过程中"短期化"行为较多。考核标准往往以数量为主,地方政府和许多职能部门把主要精力放在农民教育培训工作的组织上,而对教育培训质量缺乏有力的关注和监督。现阶段对农民培训评估主要是培训结束后的统一考核和自愿参加的职业技能鉴定,并不能真正起到考核和监督整体培育效果的作用。

(4)新型农民培训需求呈现多样化。农业产业结构升级、生产经营方式转变、高新技术广泛应用,以及农村的人口结构和社会组织结构的变化,在生产、生活、市场、文化、观念等方面对农民都提出了新的要求,农民对培训需求的个性化和多元化特点将更加突出。加之农民居住分散、流动性大、构成复杂、需求多样,这就要求农民培训应更具灵活性、组织性、针对性和实效性,应面向农村,深入了解农民和市场的需求,突出经营,讲求效益。通过对现代农业趋向下新型农民培训需求的论证,新型农民培训要适应现代农业发展，具体表现为新型农民培训需求变化适应现代农业技术体系，种植业主要趋向于标准化、养殖业趋向于规模化，并向非农化和系统化转变。培训内容与现代农业经营者密切相关，且培训层次逐步适应现代农业发展，众口难调，当前新型农民培训多样化需求实现面临很大困难。

4.职业农民生产经营要素制约凸显，扶持力度不够。在调查职业农民从事农业生产经营遇到的困难时，土地资源占15.6%，贷款占30%，技术占32.4%，政府扶持力度不够，影响了职业农民规模扩大。一是土地流转难。调查显示，大部分职业农民反映面临的困难之一就是土地流转，土地流转尤其是集中连片流转较难，并且土地流转期限普遍较短，连续性差，影响长远计划规划，影响投入和产出。二是贷款难。大多数职业农民资金实力不强，加之缺乏金融机构规定的贷款抵押物，影响其扩大生产规模和发展设施农业。三是技术服务难。据调查数据显示，由于职业农民大多来源于传统农民，受传统小农思想的影响比较大，参加农民专业合作社的只有27.9%，组织化程度低，农业生产大多是分散化、单一化经营，缺乏组织成员间的经济协作、信息、技术和经营管理等方面的交流、沟通和技术服务，职业农民现代科学管理知识的不足，市场意识和风险意识也比较薄弱，因此，他们最希望政府给予技术服务方面的扶持。同时，职业农民由于农业生产面临的各种自然风险与市场风险频繁，因此，他们希望有农业保险补贴政策来帮助规避风险。在调研中通过访谈，发现参加过培训的学员都有扩大生产规模的意愿，希望政府对新型职业农民进行评价鉴定后，在信贷、土地流转和科技服务等方面能给予政策扶持，但当前，新型职业农民扶持政策力度不够，缺乏政策配套支持和相应的服务机制，影响农民规模扩大和生产经营积极性。

(三)影响制约职业农民培育的因素分析

在新型职业农民培育中所存在的上述问题，与目前山东新型职业农民培育中所面临的诸多制约因素不无关系，这些制约因素主要有以下几个方面。

1.城乡二元体制因素。良好的城乡环境是职业农民培育成长的内部动因。城乡二元结构体制成为制约新型职业农民培育的深层次原因。长期存在的城乡二元结构导致农民在教育、医疗和社会保障等方面与城市居民难以享受平等的社会福利和待遇，存在诸多政策方面不公。农民社会地位低，"农民"成了歧视性的名词，其职业属性不断被淡化，身份属性不断被强化，农民本身不想当"农民"，更想"跳农门"。许多新生代农民通过升学等途径脱离"农门"向城市集聚。同时，由于长期二元分割的缺陷影响，农村经济社会发展缓慢，农村基础设施和社会保障体系建设滞后，农业收益低下，农民收入较低，缺乏高素质人才回流的社会拉力，导致农村人口结构劣质化，增加了新型职业农民培育工作的组织难度。

2.法制保障因素。与传统的农民培训不同，新型职业农民培育工作涉及政府投入、认定管理、教育培训和政策扶持等多个环节，是一项多部门参与复杂的工程，需要相应的法制来保障工作有序推进。目前在国家和省的层面存在新型职业农民培育专门立法的缺位问题，这使得新型职业农民培育的地位、实施主体以及各级政府的责任和义务等都缺乏相应的制度保障。立法缺失导致培育工作中导致出现一些现实问题：目前新型职业农民培育没有设立独立的管理机构，培育资源缺乏统筹，影响培育效果；一些地方领导对农民职业教育缺乏足够的重视和支持，对新型职业农民培育宣传和组织方面缺乏积极主动，培育缺乏长远发展规划。

3.政策扶持因素。新型职业农民培育是一项系统工程，需要一系列的政策变革。政策扶持是增强农业吸引力、提高职业价值、强化新型职业农民身份认同的关键。当前，新型职业农民培育政策推力不足，制约了新型职业农民发展和潜在职业农民参与职业培育的积极性。

(1)强农惠农政策的力度小。农业生产经营比较收益低，风险大是导致高素质劳动力弃农、转业的重要原因。近几年来，我国出台的普惠性的政策比较多，专门针对种养大户等新型生产经营主体的还不多。农业补贴种类少、补贴力度不高。农业保险覆盖面小、赔付水平低，国家缺乏相关保险补贴政策，农民参保积极性和地方政府支持农业保险发展积极性低等问题还比较突出。种粮补贴等各项强农惠农富农政策标准低已成为影响农民种粮积极性的重要因素。

(2)独享扶持政策缺失。农民是最讲实际利益的群体，很多农民对"职业农民"称谓问题可能不太在意，但对"职业"化背后的实际利益——扶持政策会特别关注。目前，国家尚未出台对新型职业农民的相关优惠扶持政策，各地在新型职业农民培育中虽制定了向认定农民在土地流转、金融担保和社会保险等方面的优惠政策，但大多由于发展的扶持配套机制不完善，实效性和可行性不足，受当地经济发展状况影响极大。独享扶持政策缺失不仅影响了认证农民的发展，对潜在的新型职业农民缺乏吸引力,降低了潜在的新型职业农民的培育的积极性。

（3）激励配套政策不到位。2013 年中央"一号文件"提出制定专项计划,对符合条件的中高等学校大学生、返乡农民工务农创业给予贷款支持和补助,加大教育培训力度,但至今支持中高等学校毕业生等务农创业的专项计划仍然没有落实,"加大力度"的实施优惠配套政策也没有出台。各地近年来出台新政鼓励高校毕业生和返乡农民工到农村创业,但由于创业服务机制和创业平台建设不完善,返乡农民工和大学生农村创业的积极性依然不高。

4.市场环境因素。虽然职业农民正在逐渐成长,但土地流转制度、农业科技服务体系和农村金融服务体系等农村市场环境不完善,职业农民成长存在资金、土地等共性要素瓶颈约束,制约着职业农民的发展。

（1）土地流转机制不完善。职业农民进行规模化经营离不开土地的流转。当前,由于农村社会保障制度不健全和农户的分散经营,职业农民面临兼业农户长期流转意愿不足和连片流转难等多重矛盾,再加上现有土地流转公共服务平台和服务机构建设不健全,土地流转不畅,阻碍着规模经济的发展。

（2）农业科技服务体系滞后。农业科技服务体系发育成熟与否直接影响着新型职业农民的生产经营成效。根据实际调查数据显示,通过对农民获取科技信息途径的调查统计,仅有 16.1%的农民通过农业科技推广部门来获取科技信息,37.9%的农民通过广播、电视等传统媒体获取,而接近 50%的农民需要依靠亲朋好友来获取农业科技信息。这种现象固然与农民不敢冒险的守旧思想有关,也与当前农业科技推广体系滞后有很大关系。当前,农村科技服务供给主体、供给途径还比较单一,综合技术服务水平不高,制约着职业农民的发展。

(3)农村金融服务体系不健全。在生产经营过程中,职业农民因为要流转土地、购买农具和改善农业基础设施,需要较大的资金作保障,而农村金融服务体系不健全,使得职业农民发展面临着融资难的问题。一方面,农村的金融服务发展比较滞后,资金供给不足,金融机构为职业农民提供的融资担保服务能力不足;另一方面,职业农民生产规模不大,缺乏有效的固定资产来充当抵押担保品,难以通过资产抵押等方式获得信贷支持,制约其扩大生产规模,一定程度上阻碍了职业农民的发展。

第四节 创新乡村人才工作机制, 汇聚农业农村现代化人才资源

乡村振兴,人才是关键。加快推进农业农村现代化,培养造就一支懂农业、爱农村、爱农民的"三农"工作队伍,这就要求必须创新乡村人才工作体制机制,在培育人才、吸引人才等方面下足功夫。要积极培养本土人才,鼓励外出能人返乡创业,鼓励大学生村官扎根基层,为乡村振兴提供人才保障。坚持"培"和"育"结合,从制度机制和良好的外部社会环境等方面合力推进,实施人才战略,建设新型职业农民队伍,让人才振兴成为推动农业农村现代化的内生动力。

一、创新乡村人才培养工作机制,激发乡村现有人才活力

坚持农业农村优先发展,培养选拔乡村振兴的人才不能只盯着外面的世界,要善于从脚下的土地上发现人才,培养"本土

能人"土专家"和"田秀才"。培育本土人才应与地方特色和产业优势紧密结合,坚持"培"和"育"结合,创新人才培训模式,提升农民自我发展能力。一方面,要激励本土各类人才积极投身乡村建设,完善本土人才成长机制,充分激发本土乡村人才的创新精神和创造能力,发挥本土乡村人才的技术技能优势,进而带强产业、带动致富,让农业更加焕发活力,农村更加富有魅力,不断为农业农村发展注入新活力。另一方面,要通过改善农村教育、就业、医疗、基础设施、人居环境等,健全多元投入保障机制;完善政府主导和社会参与相结合的教育培训体系和质量管理体系;根据农民的地域性、多样化、选择性、实用性、阶段性和层次性等需求特点,创新培训模式;搭建服务平台,建立新型职业农民发展的市场促进机制等方式,培养本土人才。

(一)注重战略谋划,健全高效的新型职业农民培育组织工作机制

新型职业农民培育是一项复杂的系统工程,涉及多部门、多领域,需要统一思想认识,加强战略谋划和资源整合,需要建立高效的组织领导工作机制予以保障和支持,形成合力绩效。

1.统一思想认识,营造良好工作氛围。各级政府和相关部门要统一思想认识,把培育新型职业农民纳入"三农"工作总体战略谋划中,进一步营造良好的工作氛围。一是将新型职业农民培育列入省和地方经济社会发展长远规划,加快农村实用人才队伍的建设。各级地方政府要以服务农村经济社会发展大局为目标,根据地方产业发展对人才的需求情况,科学制定新型职业农民培育规划,并纳入省和地方中长期人才发展规划中统筹实施。二是将新型职业农民培育纳入各级政府目标管理和绩效考核,

建立新型职业农民培育的目标责任机制。把培育任务的数量和持证农民的质量纳入各级政府的综合考核,变"软任务"为"硬约束",保证培育效果。

2.加强立法保障,明确公益定位发达国家高度重视农民职业教育培训工作,注重教育培训的法制建设,通过相关法规的制定和实施保障了农民培育所需的人力、物力和财力。为进一步促进新型职业农民队伍的发展壮大,借鉴美国、德国和韩国等发达国家立法保障职业农民培育的经验,省际应加快制定《新型职业农民培育条例》,通过法律形式对新型职业农民教育培训的组织管理、经费投入和教育培训机构等方面进行规范,明确各级政府和农业、教育、劳动保障、财政和科技等相关部门的管理职责与任务,进一步增强各级政府和相关部门农民教育培训工作的主动性和责任感,为各地新型职业农民培育提供法律保障。

3.理顺管理体制,形成工作合力。各级政府要打破新型职业农民培育多头管理、条块分割的管理体制,加强部门的协调和联动,形成工作合力。由农业部门作为新型职业农民培育的牵头部门,制定和完善新型职业农民培育总体规划,加强工作协调和组织推动工作;教育部门要加强与职业院校、农业院校的沟通和协调,将新型职业农民培育工作纳入职业教育规划,做好农业后继者培育工作;科技、人力资源社会保障部门要建立健全新型职业农民科技服务、社会保障等扶持政策体系。形成农业部门牵头,科技、教育、财政等相关部门联动配合的新型职业农民培育工作格局。

(二)注重科学规范,完善新型职业农民教育培训机制

1.构建新型职业农民教育培训的经费投入保障机制。经费

投入是否稳定充足和持续,直接关系着农民培训的规模和力度。新型职业农民教育培训,资金投入不足,投资主体比较单一,缺乏相应的法律保障。因此,在农民培训经费保障上,首先,制定相关法律法规将职业农民教育培训的资金投入制度化,各级政府将农民培训经费纳入财政年度预算,每年根据实际需要逐步增加投入。其次,要拓宽职业农民教育培训资金投入渠道。借鉴英国通过征取特别税的形式来鼓励企业参与培训的做法,综合运用财政和金融手段,以政策优惠方式吸引社会资本的支持,鼓励企业与社会参与农民培训工作。

2.完善政府主导和社会参与相结合的教育培训体系。新型职业农民培育体系正处在初步构建时期,目前各地主要以各级农广校为主体,力量相对单一薄弱。为加快培育适应现代农业产业发展需要的人才,要聚合优势资源,坚持教育培训公益性与市场化相融合,构建以农广校、农民科技教育培训中心等为主体,农业职业院校和农业企业等参与的多元协作培育体系,加强对不同培育阶段新型职业农民的分类指导。

3.健全新型职业农民教育培训质量管理体系。制度化、规范化的教育培训管理体系是保障农民教育培训质量的重要环节。高素质的师资队伍是确保农民培训的质量和效率的保障,如德国对农民教育培训的师资队伍设定了严格的准入制度,规定只有取得相当于中国硕士学位的农业工程师资格,才能从事农民培育工作,而参训农民必须通过严格的资格认定,才能获得从业资格。借鉴西方发达国家经验,一是加强师资队伍建设。鉴于当前农民实际文化素质比较低的实际情况,要进一步加强"双师型"队伍建设,教师除了具有理论教学水平之外,还应具备解决农民生产和经营实践中具体问题的能力，具备把教学班办到乡村、农业企业、农民合作社和家庭农场的能力。二是规范职业资格认定程序及管理机制。首先，加强职业农民认定的专门机构建设。职业资格认定可以通过对相关政府部门进行认证管理培训，也可以借鉴国外经验，建立政府主管、社会经办的专业性职业农民资质认证机构。其次，加强职业资格认证程序的制度建设。规范认定条件、考核考试方法和认定程序，根据实施的《劳动法》《职业教育法》等相应规定，政府有关部门进一步完善标准内容，对新型职业农民实行动态管理。

(三)创新新型职业农民培训模式

农民的需求具有地域性、多样化、选择性、实用性、阶段性和层次性等特点，因此，无论是农民培训的结构体系，还是农民培训的内容、方法和手段整个教学方式都随着现代农业和农村经济的发展而发展。在类型结构上，要坚持"农"与"非农"并举；在形式结构上，要坚持学历教育与非学历教育并重；在层次结构上，要坚持初、中、高等农民教育并存，现阶段以中等农民教育为主；在办学体制结构上，要坚持公办、民办、合办并行，鼓励在各自层面上发挥优势；在布局结构上，要坚持以省高等院校为龙头、市县农业职业中专为重点、乡镇农民学校为依托；在专业结构上，要坚持办好种植类、养殖类、加工类、市场营销类、经营管理类等大农、涉农专业，新型农民培训是一个高度综合化的系统工程，模式的选择与当地的经济和资源条件密切相关，受当地经济社会发展战略目标或与农业现代化发展方向的关联度影响，模式的选择还要考虑模式对农民自身发展需求的满足情况。

新型农民培训模式选择和过程中切不可搞一刀切，应紧密结合农业产业结构调整的需要,结合当地特色产业发展需要,结合农业规模产业和创业发展的需要。目前政府主导类模式在我国新型农民培训中占据主导地位,说明我国农民培训良性机制尚未完全形成,还需要政府部门的大力推动。因此,新型农民培训模式的选择应根据各地的不同经济区域、不同的产业领域和不同的培训目标进行选择。

(四)搭建服务平台,建立新型职业农民发展的市场促进机制

目前,新型职业农民在生产经营方面面临着诸多困难,需要依托市场,搭建服务平台,建立新型职业农民发展的市场促进机制,增强发展活力。

1.建立土地流转服务机制。地方政府要加大土地流转公共服务平台建设的财政支持,加强土地流转网络服务平台建设,在乡镇建立土地流转服务中心或土地流转服务站,构建土地流转服务网络,通过平台和网络的桥梁作用,引导土地向新型职业农民流转进行适度规模经营。

2.完善农业科技服务机制。首先,要加快新型农业科技服务体系建设。基层农技人员要强化责任意识,创新工作思路,加快新产品、新技术向新型职业农民的推广与应用;积极鼓励农业院校、科研院所专家通过组建科技服务专家技术指导组,对新型职业农民开展技术服务。其次,建立新型职业农民科技服务跟踪制度,提供持续服务。从基层农技推广队伍中遴选一批技术人员,与经认定的新型职业农民进行对接服务,进行产业发展和生产经营扶持。再次,要搭建科技服务服务平台,提升服务效能。农业部门要积极利用移动互联网、农技推广服务云平台等信息化服

务手段,多渠道、多层次地为新型职业农民提供科技服务,让新型职业农民及时了解市场动态、扶持政策和新技术成果。

3.健全金融服务机制。政府要鼓励和引导涉农金融机构根据新型职业农民生产经营发展需求,大力开展农村金融产品和服务方式创新,不断提升农村金融服务水平。第一,创新金融产品,加大对新型职业农民的金融扶持。引导省金融机构加强金融产品创新,拓宽贷款的抵押范围,允许新型职业农民以农民住宅权和土地流转经营权等抵押贷款,提升其贷款可行性。第二,完善农村金融服务体系,提升金融服务质量。积极引导民间资本进入农村,加快信贷投放进度,推动农村小额贷款公司为新型职业农民产业发展提供金融支持。第三,建立和完善农业保险政策。由于新型职业农民规模经营面临的更大的风险,通过保费补贴引导新型职业农民积极参保,扩大投保范围,同时,通过税收减免或提供适当补贴引导保险机构针对新型职业农民农业生产开展农业保险险种创新,提供优质保险服务。

二、创新制度和政策供给,吸引创新创业人才

人才振兴是乡村振兴的基础。为加快推进农业农村现代化提供坚实的人才支撑,破解当前人才瓶颈制约,创新乡村人才工作体制机制,要在充分激发乡村现有人才活力的基础上,鼓励支持引导乡村精英和社会群体返乡回乡,引导返乡农民工、大中专毕业生、科技人员、退役军人和工商企业者等返乡回乡创业创新,在推动乡村振兴上贡献才智。各地政府部门要积极作为,加强制度创设和政策供给,鼓励支持引导乡村精英群体返乡投身乡村振兴。同时,要在吸引人才上出实招。营造良好的创业环境,制定人才、财税等优惠政策,为人才搭建干事创业的平台,从制

度机制和良好的外部社会环境等方面合力推进，鼓励支持大中专毕业生、科技人员和工商企业等从事现代农业建设、发展农村新业态新模式，激活农村的创新活力。

(一)加强制度配置，健全新型职业农民培育的保障机制

新型职业农民培育是一项复杂的系统工程，借鉴西方发达国家的经验，遵循培育规律，建立培育制度，加大制度供给，以制度来规范引领新型职业农民培育。

1.建立农业职业资格准入制度，提升农民地位。大多数西方发达国家法律规定，只有通过农业职业教育和培训且获得职业资格证书者，才能进行农业生产经营，同时法律规定持证农民可以获得很多优惠政策。从20世纪90年代开始我国开始实施"绿色证书制度"和"农业职业资格证书制度"，但获得绿色证书的农民享受不到政策扶持，扶持政策与证书不挂钩，导致农民参与培训的积极性不高，影响工作的后续推进。考虑到我国农业现代化水平不高、农民综合素质较低的实际情况，现阶段还不完全具备全面推行准入制度的条件。但是，随着我国农业产业化的不断提高，为确保粮食安全和农产品安全，必须实行准入制度。可以率先在专业化生产和适度规模经营领域试点，逐步实施职业资格准入制度，由持证农民经营管理宝贵的农业资源，保障农业的可持续发展。

2.改革土地流转制度，拓展农民发展空间。目前，全国人均耕地为1.52亩，在当前农业现代化建设的背景下，农村一面是由于农业产业效益低而出现撂荒，而另一面新型职业农民开展规模化经营面临土地紧缺。因此，加快农村土地流转制度改革，为职业农民从事土地规模经营提供重要前提。首先，要进一步加

快农民土地承包确权登记,为土地流转创设前提;其次,要着力搭建土地流转交易平台,培育土地流转市场,完善流转法律程序,鼓励农民在坚持自愿、平等、有偿的原则下流转土地的承包经营权,推动土地经营向集约化、规模化发展,为现代农业发展所需的职业农民培育创造条件;再次,建立和完善城乡一体化的社会保障制度等保障制度,弱化土地的生活保障功能,为兼业农户进行土地流转扫除障碍,推进土地基本保障制度向社会保障制度的转变。

3.建立农民职业教育培训制度,提升农民自身素质。教育培训是培育新型职业农民的重点环节。新型职业农民教育培训要围绕区域主导产业发展,提升培育的实效性。

(1)明确培育对象。为保障培育的质量,要认真遴选培育对象,使有限的培育资源"好钢用在刀刃"上。根据当前的农村实际,现阶段培育的主要对象包括:"骨干型农民",即目前正在从事农业生产经营的现实型职业化的农民群体,他们长期务农,有比较丰富的农业生产经营知识,是新型职业农民培育的首选对象;返乡创业的农民工,返乡农民工一般都有从事农业生产的经历,是新型职业农民培育的重点对象;回乡创业的大学生,由于就业压力的原因,有很多大学生选择到农村创业,从事生态高效农业经营,这些大学生有较高的文化素质,是新型职业农民培育的理想对象;农村初高中毕业生,虽然农村初高中毕业生从事农业的较少,大都选择了外出务工,随着制度创新和农村环境优化,他们是潜在的新型职业农民培育对象。

(2)优化培育内容。按照新型职业农民高素质的要求,不仅要对其进行农业技能的传授,还要进行现代农业经营理念和社会责任感等内容的培育。

(3)创新培育形式。以产业需求为导向,结合农民生产实际需求,开展"分段式、重实训、参与式"教育培训,扎实推进"固定课堂""田间课堂"和"空中课堂"一体化建设。

(二)加大扶持力度,完善新型职业农民培育的政策激励机制

在农业现代化发展过程中政府提供各项惠农政策争取各方支持,是发达国家培育职业农民的普遍做法。立足当前实际,政府为新型职业农民的培育制定一系列扶持激励政策,能够为实现农业现代化提供坚实的保障。

1.制定新型职业农民的专项扶持政策。为进一步增强农业吸引力,让农民看到成为新型职业农民之后的实际利益,壮大新型职业农民队伍,省际层面应出台新型职业农民扶持政策,建立包括创业兴农、风险处置、科技服务、社会保障等综合性扶持政策体系。建立起严格的农民资格准入制度,将职业农民资格与政策扶持挂钩,获证农民在成片土地流转、惠农政策扶持、金融信贷和保险上具有优先权。通过政策扶持增强新型职业农民农业生产经营能力,进一步发挥其引领和带动作用。

2.建立青年经营农业的政策激励机制。为应对青壮年农民数量短缺,农业从业人员老龄化问题,省际的层面应加紧建立和完善政策激励机制,吸引返乡农民工和农业类大学生等青年学农务农,成为新型职业农民。一是要制定和完善青年尤其是农业类大学生到农村经营农业的优惠政策,在投资补贴、教育培训和科技服务等方面加强扶持,对大学生自主创业建立家庭农场和农业企业达到一定规模的给予创业补贴。二是要加强回乡创业

新型职业农民的政策扶持。返乡农民工一般都有从事农业生产的经历，外出务工的丰富实践为他们再次从事农业经营积累了物质资本和人力资本，地方政府要出台优惠政策，对返乡重操"农业"的新型职业农民给予资金、科技服务等方面的大力扶持。

(三)持续优化外部环境，营造新型职业农民成长的良好氛围

社会地位、收益和生活条件是人们考虑把农业作为职业的重要因素。持续优化新型职业农民培育的外部环境，吸引更多的年轻人加入农业现代化的建设中。

1.优化产业环境，诱发产业动力。农业收益低，是新型职业农民培育的首要制约因素。政府要继续加强对农业的政策扶持，提高农业比较收益。同时，产业是农民职业化前提和条件，提升现代农业产业魅力是增强新型职业农民培育的根本动力。政府要积极拓展农业多功能，大力发展特色产业，加快构建现代农业产业体系，使生存型、保障型的传统农业转变为高效生态农业，农业成为增收致富的产业，提升高素质青年"以农为业"的动力。

2.优化社会环境，提升培育推力。农民地位低是影响新型职业农民发展壮大的重要障碍。加快推进城乡一体化建设，加强户籍制度、土地制度和社保制度等制度创新，推进城乡社会保障一体化，回归农民的职业属性。同时，政府要积极引导各类新闻媒体，加强对培育新型职业农民的战略地位和优惠政策的宣传，加大对先进典型的报道，增强"农民"职业的吸引力，营造氛围推力。

3.优化农村环境，强化社会拉力。农村环境差是新型职业农民成长的主要制约因素。加强城乡发展统筹，强化社会拉力，进

一步加大对农村基础设施建设和公共服务的投入力度，并在公共交通、供水供电、环境保护等各类基础设施规划方面做好城乡规划衔接，实现城乡联网、城乡共建、城乡共用，增强农村发展活力，建设美丽乡村，营造良好的创业环境，不断优化本土乡村人才成长环境，破除当前农村高素质从业者后继乏人的困境。

第七章　创新构建乡村治理新模式
推动城乡协调发展新格局

　　《乡村振兴战略规划(2018-2022 年)》明确要求,要"以城市群为主体构建大中小城市和小城镇协调发展的城镇格局,增强城镇地区对乡村的带动能力",适应我国城乡格局和城乡关系变动的新特征,乡村振兴与城镇化要实现双轮驱动,构建城市、小城镇和美丽乡村协调发展的空间形态。

　　新时代要构建城乡村协调发展的新格局,一方面要创新构建乡村治理新模式,建设和谐有序的乡村;另一方面,我们要持续推动新型城镇化,为乡村振兴提供源源不断的动力。城镇化可以为乡村振兴提供更广阔的市场需求和更强大的技术支撑,是乡村振兴重要的动力所在。县域是我国新型城镇化的关键和重要生长增长点。新常态下,县域新型城镇化需要走产业创新、城乡统筹发展道路。在这一过程中,创新驱动在推动县域产业转型升级、城镇可持续发展、城镇和农村幸福指数提升等方面发挥着重要作用。当前,创新驱动对城镇发展的支持作用尚未有效发挥。新时代推进县域城镇化,要以创新为驱动力,应通过完善县域新型城镇化相适应的技术创新体系、创新信息化与县域新型城镇化融合机制、加强农村科技推广服务体系创新和创新县域新型城镇化发展体制机制等措施,推动县域新型城镇化发展。完善城镇化健康发展体制机制,鼓励农民工就地就近转移就业,推动农业转移人口市民化。

第一节　科技创新构建乡村治理新模式

党管农村工作是我们的传统。实施乡村振兴推进农业农村现代化要求夯实党在农村的工作基础,建立健全党委领导、政府负责、社会协同、公众参与、法治保障的现代乡村社会治理体制,提高农村社会管理科学化水平,维护农民的利益。当前,现代化技术手段应用不足是制约当前农村治理的短板。科技创新为农村治理有效构建新模式,推动乡村充满活力、安定有序。

一是要充分利用远程教育等现代科技工具,强化农村基层党组织建设,加强上级党组织对农村基层党组织的领导。村民富不富,关键看支部;村子强不强,要看"领头羊"。我们要以加强和改进农村基层党组织建设为核心, 激活基层干部和人才队伍活力。村级党组织是党在农村全部工作的基础,农村要发展,农民要致富,关键靠支部。要重视本土"永久牌"和流动"飞鸽牌"两类干部。在推进社会主义新农村建设的过程中,基层党组织应着力加强自身干部队伍建设,提高党员干部的领导组织能力,尤其是要选准配强村级党支部班子,切实把那些勇于创新、能带领农民群众增收致富的能人选进班子，培养一大批优秀的农村基层干部。强必须落实到能力上，在建设乡村的实践中不断加强农村干部的科技培训，增强带领群众发展经济、科技扶贫、增收致富的本领。

二是利用互联网、移动通信、智能终端等科技产品，实现村民有效知情、有效参与、有效监督，建立党群协商民主机制。农村基层干部要"用心听民声，以情察民意"，切实解决好人民群众最关心、最直接、最现实的利益问题。要加强和创新社会管理，为适应社会转型要求，要求农村基层党组织必须树立民主协商的精神，注意运用科技信息产品与众多治理主体进行民主平等的协商沟通，以协商方式谋事，保障农村社会公共安全。

三是健全农村社会治理的体制机制。对于社会治理来说，"现代大数据平台能够为其发展提供一种更为方便、快捷和廉价的有效载体"。①因此，当前要充分利用大数据、人工智能等技术打造乡村治理和服务系统，为平安乡村、村民自治、乡村法治德治等方面提供重要技术保障。

第二节 创新驱动县域新型
城镇化发展的路径选择

目前，我国仍处在城镇化较快发展阶段，推进农业农村现代化，离不开城镇化的支撑。县域是我国新型城镇化的关键和重要增长点。经济新常态下劳动密集型产业面临转型升级的调整，城

①李先伦.中国政党协商发展研究[M].济南：山东人民出版社，2018：159.

市的就业压力加大,引导农民工从大城市返乡回到小城镇,可以形成比较良性的城乡的双向流动。目前,县域城镇化由于产业和公共服务吸引力、制度政策拉力不足等原因,城镇化率较低。因此,需要为县域城镇化发展注入新动力,走出一条以创新为驱动力、实现城乡统筹协调发展的县域新型城镇化道路。

一、县域新型城镇化现状

县域新型城镇化是以县城和中心镇为重点,以新型农村社区建设为基础,通过创新发展城镇产业、完善公共设施和社会服务、提高农民自身素质等途径,推动农民在县域范围内实现就近就地转移和市民化。县域新型城镇化对于全国新型城镇化建设和农村发展与稳定具有重要贡献。一是县域是推进就地城镇化的重要空间载体。县域城镇化能促进产业空间与劳动力分布有效契合,使农民工兼顾就业与安家,能有效地保留其地域特色和文化。二是能化解农业转移人口落户城镇难的问题。相较于大中城市,县域城镇化农业转移人口成本低,能多渠道解决农业转移人口落户,实现就地市民化。三是有利于优化中国城市结构。县域城镇化发展有利于促进新型城镇化与新农村建设协调推进,形成"县城—特色城镇—村域城镇化社区"的城乡融合体。

2016 年,我国城镇化率达到 57.35%,但占城镇总人口 40%以上的县域地区城镇化率却远低于这一数值,县域地区城镇化率较低。当前,县域城镇化进程中存在的问题:一是产业结构不完善,二、三产业支撑不足。由于传统城镇化发展模式对技术创新重视不够,导致相当一部分县域城镇工业技术支持不足,农业

第七章

推动城乡协调发展新格局

创新构建乡村治理新模式

产业化程度低,第二产业链条短,附加值低,服务业发展层次低,县域城镇整体吸纳就业能力不够。二是县域虽然规模大多不大,但依然要面临诸多管理问题。在以往以要素为主要驱动力的城镇化发展中,政府更多关注发展速度指标,对管理创新关注较少,城市管理水平已落后于城镇发展水平,城镇基础设施和公共服务不足,环境污染、资源承载力有限等各种矛盾凸显。三是农民市民化制度性障碍较多,导致部分农村人口转为城镇户口意愿不强。传统的自上而下行政命令推动下的城镇化,往往重视项目、工程建设,而制度创新不足。一些县域甚至既没有非农就业机会支撑,相关政策和保障制度建设也异常滞后,导致农村转移人口长期处于半城镇化状态。

二、创新在县域新型城镇化发展中的作用

(一)创新驱动制度改革和社会管理水平提升,增强城镇吸引力

创新驱动制度改革和社会管理水平提升,可增强制度保障,丰富城镇内涵,提升农村人口转为城镇户口的意愿,吸引农民落户城镇。一是通过制度创新更好地维护进城农民的相关权益。城乡统一的户籍制度的改革创新,能推进教育、医疗、社会保障等方面基本公共服务城乡均等化,使进城的农民享受与城镇居民同等待遇,有利于促进人口向城镇集中;加快农村土地流转制度改革,创新有利于农民向城镇转移的土地政策,实施有利于农民进城创业的优惠政策,都将吸引本地农村人口落户城镇。二是科技进步能够提升城镇管理与服务水平,增强县域城镇化的吸引力。城镇化的核心是人的城镇化,城镇化的本质在于为居民提供

宜居的生态环境及现代化、便捷的生活方式。科技创新有利于提高城镇管理和服务水平，提高城镇对流动人口的适应力和吸引力。物联网、大数据等新技术的应用，对人们的生活和交流产生了方方面面的深远影响，尤其是为城镇规划、管理提供了科学的依据和手段，增强城镇基础设施的管理与调控能力，使城市管理更加智能、高效；县域信息化建设有助于分析、整合城市公共服务机构的相关数据，为城镇居民在交通、医疗等领域提供快捷、安全的服务，增强人们对新型城镇化建设的信心。

（二）创新驱动县域资源和环境可持续发展，提升城镇承载能力

人口、生产要素在地域上不断向城镇集聚和转移，对县域城镇的生态安全产生重要的影响，经济发展与城镇资源、生态环境承载力相适应成为县域新型城镇化持续推进的前提和保障。科技创新能有效缓解县域城镇化快速推进过程中人口、资源和环境等之间的矛盾。一方面，科技进步能推动产业向集群化、空间梯度转移发展，使城镇空间和资源得到集约利用。大量节水、节能、节地等新技术成果的广泛应用，使县域城镇发展与资源、环境承载能力相适应。另一方面，通过遥感和地理信息系统等信息技术的应用，对城镇化的空间格局及其生态环境进行动态监测与科学管理，进一步强化对节能减排的监管，助推县域城镇可持续发展。

（三）创新驱动县域产业结构优化和转型升级，提高城镇支撑能力

产业是推进县域城镇化的基础和动力。县域城镇特色产业

发展明显,产业支撑能力强,聚集效应明显,对农村劳动力吸纳力就强。而以创新为驱动力,通过培育新兴产业,对传统产业进行改造,推动县域产业结构优化和转型升级,为城镇化发展奠定坚实的经济依托。一是培育发展新兴产业,优化县域城镇产业结构。例如,在科学技术、信息技术的辐射带动下,催生出新经济业态。科技融入制造业价值链条,催生现代物流、信息服务及文化创意等现代生产性服务业的发展,优化县域城镇产业结构,增强城镇化辐射带动能力,推动就业集聚。创新驱动农村乡村旅游、农产品产地初加工、农村电子商务、农村文化创意等新兴产业发展,通过农、文、旅深度融合,促进农业和加工业、服务业互动发展,带动农民就业和返乡创业。二是创新驱动县域传统产业转型升级。如,通过技术改造和创新等活动,推动传统产业尤其是工业走向高效、低能耗的发展道路。通过农产品品种优化技术、现代物流技术等的推广和应用,提高现代农业生产的规模效益,进一步满足城镇居民日益增长的农产品需求。

(四)创新驱动信息技术和电子商务发展,提升城镇辐射力

县域新型城镇化可通过信息网络,将城市的知识、信息和社会服务辐射延伸至农村,为城乡一体化发展提供实现途径。一方面,县域信息化建设能进一步的提高城镇经济实力,使中心城市的信息优势向周边地区辐射,加强其对农村经济的辐射带动作用,促进农村跃迁式发展。随着互联网的发展,高效的信息沟通降低了城乡之间的信息不对称,促进城镇和农村之间信息资源的有效共享,推动工业品下乡和农产品进城的双向流动,农村可

以凭借自身的自然资源、特色产品等优势,依托电子商务实现发展。另一方面,县域信息化建设加速农民成为现代社会主体。具有开放的特质互联网突破了乡土地域的界限,为农民获取知识和信息提供了平台。电子商务给农村居民赋能,拓展新的发展路径,通过"不离土"的方式就地就近城镇化,实现在家乡安居乐业。

三、创新驱动县域新型城镇化的制约因素

(一)县域制度创新推动力较弱

推进县域城镇化不仅要为进城农民提供良好的就业和生活环境,解决好"能留人"问题,还要进行相应的制度和政策安排,解决好留得住的问题。制度创新和政策扶持是激发农民城镇就业创业落户的保障,但目前县域制度创新普遍不足,制约新型城镇化的顺利推进。一是县域制度创新推进缓慢。县域制度创新受到公共政策导向、中央经济政策及相关制度等诸多因素影响。目前,国家虽然在产业政策、城乡二元户籍制度、土地制度等方面加大改革力度,但具体到县域层面,由于缺少具体的规划和针对性方案,相关改革推进速度较慢,有利于人口城镇化的社会保障制度、公共服务和户籍制度改革等制度创新之后。二是配套激励配套政策不到位。近年来,国家虽然出台新政,鼓励高校毕业生和返乡农民工到农村创业,但由于创业服务机制和创业平台不完善,创业就业所需的资金、土地和技术等配套政策保障不到位,返乡农民工和大学生农村创业落户的积极性依然不高,"留不住"问题依然存在。

(二)县域城镇技术创新支撑能力不足

县域新型城镇化发展中,传统产业转型升级、延伸城镇产业链等都需要科技做支撑,但当前县域城镇科技创新能力较弱,城镇的科技支撑力不足。主要原因有:一是面向县域城镇化发展的科技创新投入不足。目前,我国大部分县域的经济实力较弱,严重制约科技创新的资金投入,面向县域新型城镇化的科技创新投入尤为不足。二是县域科技创新资源的匮乏。目前,我国大多数县域经济还处在工业化前期阶段,科技创新基础较弱,高校及高水平研发机构数量少,高新技术产业人才严重不足。三是县域科技服务体系建设滞后。县域层面普遍缺乏推动科技创新的中介服务机构,科技服务市场尚无法适应县域中小企业科技创新需要。县域城镇尽管拥有一定的农业科技服务能力,但普遍难以适应农业现代化发展要求。已有农业科技服务组织存在服务单一化、专业化水平较低及科技推广人员素质较低、服务能力较弱等问题,对解放农村生产力有限。

(三)县域城镇信息化水平偏低

当前,我国县域城镇信息化水平普遍偏低,信息技术在城乡空间、资源和生态环境的管理和监测中的应用程度较低,制约以创新驱动县域新型城镇化建设。主要原因有,一是未能有效发挥政府在城镇信息化建设中的统筹协调作用。在县域城镇规划和建设中,信息化建设与城市建设不同步、不配套,城镇信息设备普遍老化,影响信息技术在交通、医疗等领域的扩大应用,不利于县域城镇信息化建设。二是信息化工作人员素质偏低,相关高端人才匮乏。一方面,针对信息化的发展,有的工作人员"由于对传统方式的依赖，对这种大数据具有抵触情绪和消极心理"，另一方面，由于对信息网络人才培养重视不够，相关人才引进政策不完善，创业环境欠佳，导致县域信息化工作人员数量少、素质偏低，高端人才严重匮乏，已无法适应县域经济和信息产业发展的需求，影响信息技术对县域城镇化建设的促进作用。三是信息化与新型城镇化协调推进体制机制不健全。目前，县域城镇建设管理理念和方式已不适应信息化深入发展的新形势，信息管理机制上存在条块分割和利益之争，一些部门和地区的信息化仍处于单项业务孤立发展状态，信息不能共享的问题依旧突出。特别是县域城镇与农村信息连通建设滞后，农村网络通信等基础设施建设严重不足，阻碍了县域新型城镇化促进城乡一体化作用的发挥。

四、创新驱动县域新型城镇化的对策建议

(一)加快推进"人口城镇化"体制机制创新

推进县域新型城镇化，必须进一步创新体制机制，增强农民向城镇转移落户的积极性。一是加大制度创新力度。加快推进城乡一体化建设，加大土地流转制度、户籍制度和社保制度等制度创新，构建农业转移人口市民化成本分担机制，增强县域新型城镇化人口转移落户吸引力。首先，加强土地制度创新，促进更多农村劳动力转移。加强土地流转制度创新，鼓励农民以多种形式流转土地经营权。改革农村宅基地制度，在保障农民宅基地用益物权前提下，探索建立宅基地流转换房制度。其次，深化户籍制度改革。根据县域当地的经济、资源和人口等实际情况，因地制宜地制定落户条件。最后，加快建立城乡统一的社会保障制

度。建立城乡一体的劳动力市场，利用市场机制配置城乡劳动力资源，使进城农民在教育、医疗等方面与城市市民享受同等待遇。二是构建政策激励机制。加快建立和完善实施城镇就业创业的优惠政策，吸引返乡农民工和大学生毕业生落户县域城镇。鼓励他们利用本地特色、优势资源，发展绿色农产品经营、民族传统手工艺、乡村旅游、电商中心等项目，将返乡创业农民工、大学毕业生、农村致富能手等培养成为发展新兴产业和新型业态的带头人，符合政策条件的可享受国家税费减免和补贴等政策。三是加强管理制度创新。首先，加快体制改革与创新。推进行政管理体制改革，发挥政府统筹县域城镇产业、公共服务、社会事业的主导作用，确保城镇空间、资源的有效整合和优化配置，提高行政效率。其次，促进城乡统筹发展，推进城镇管理科学化。强化县城城镇在城市与农村之间的衔接功能，进一步实施"扩权强镇"，适度推进新型农村社区发展，提升公共服务水平。

（二）创新信息化与城镇化融合发展机制

推进县域新型城镇化，应尽快建立起县域城镇信息化平台，促进信息化与城镇化融合发展，提高城镇发展质量。一是促进信息技术和城镇化融合发展，推进面向政府的决策应用、面向城市的管理决策水平。发挥信息互联、智能分析技术作用，整合城市管理部门资源，将政府职能与信息技术充分融合，推进城市管理智能化。加快交通、教育、卫生等社会领域信息化建设，扩大电子金融、电子商务、电子物流的应用，逐步提高社会服务领域信息化水平，改善城镇居民的生产生活方式。二是加快完善基础设施建设,增强信息网络覆盖和综合承载能力。加大信息基础设施的投入力度,夯实信息化应用基础,建立起一个跨部门、跨领域的统一完善的大数据平台。整合基础地理信息数据库、土地储备管理、数字城管等系统,不断提供公共信息服务水平。积极创造良好的市场环境,引导社会资源更多投向信息服务业,鼓励科研推广机构、中介组织及各类信息咨询服务企业等提供个性信息服务,构建多元化、多渠道的信息供给体系。抓住"互联网+三农"、电子商务进农村等机遇,采取一系列措施,积极培育现代物流业、仓储业和电子通信行业等现代服务业,带动县域城镇电商产业发展。三是加大信息化发展所需各类人才的引进和培养力度。制定优惠政策,优化创业环境,吸引信息化相关人才落户县域城镇。加强对现有人员的培训,提升其专业技术水平和综合素质。加强网络与信息骨干队伍建设,增强信息化发展的人才支撑能力。

(三)夯实县域新型城镇化技术创新支撑

立足县域当地特色经济、资源禀赋与区位优势等,加快县域科技创新,夯实县域新型城镇化产业支撑。一是积极推进科技管理体制创新,强化科技引领县域新型城镇化的战略规划与资金投入。整合当地科技资源,根据本地特色产业,制定有关科技创新支撑新型城镇化发展的战略规划,明确县域城镇科技发展目标和任务;完善科技创新风险保障制度,激发科技人员的创新活力,为城市发展提供坚实的智力保障。帮助中小微企业解决应用新技术过程中的配套技术问题,提供全方位的技术服务。二是搭建产学研合作平台,构建科技创新促进县域城镇化发展的技术载体。县域中小企业较多,但技术创新能力普遍不强。通过政府、企业、高校和科研机构的官产学研合作创新,激发产业集群创新效应,可有效解决中小企业创新能力不足的问题。支持企业与科研院所加强合作与交流,共同承担地方重点科技攻关项目。加强凸显地方特色的产业技术平台和科技园区建设,发挥科技园区、创新平台对科技创新、产业聚集、人才聚集的作用,提高县域新型城镇化的综合承载力。三是引入外部科技资源,为技术创新提供支持。由于大部分县域城镇缺乏高水平的高校和科研机构等智力资源,因此,可通过外部"借力"科技资源方式,实现县域城镇产业自主创新能力的提升。利用劳动要素比较优势,承接邻近大城市的产业转移项目,采取多种形式吸引、组织周边城市的科技创新资源向县域城镇辐射和转移,带动提升自身的创新能力。

(四)创新农业科技推广服务体系

创新农村科技推广服务体系,使科技创新成果及时向农村扩展,助力农业现代化,带动县域新型城镇化建设。一是加快农业技术推广体系改革。以县镇为中心,建立新型农业科技服务体系。鼓励地区农业科研院所组织建立具有多元投资结构的新型农业社会化服务机构,并通过政策激励和机制创新,发挥基层科技部门在促进成果转化、农村实用技术培训方面的积极作用。二是加快农村技术推广渠道创新。网络信息技术的快速发展搭建了城市和农村互动的桥梁,密切了城乡之间的关联度,推动了城乡资源的双向流动。应以提高农村信息化水平为重点,开发建立新型农村信息技术推广方式,为农村提供科技信息服务和农业适用技术,加速现代农业发展。三是加快农村科技推广内容创新。加快农产品品种优化技术、农产品加工技术、农业新型机械化技术的推广应用，促进农业产品结构的优化升级，逐步形成依托现代农业发展促进县域新型城镇化建设的良性机制。加快新型农民科技培训力度，促使农民成为合格的现代农业生产主体。

第三节　创新推动新生代农民工市民化的路径选择

新生代农民工就业技能提升是促进其市民化的基础和内在动力，是推动其自身融入城市社会的重要条件，目前正面临着诸多困境。政府应明确其主导地位与服务责任，通过破除城乡二元结构障碍、加强农村职业教育和补偿教育、营造制度环境和服务环境、制定激励政策激发需求等措施，促进新生代农民工就业技能提升，推进市民化进程。

新生代农民工是指在 20 世纪 80 年代以后出生的在城市务工的农村劳动力，他们依赖于城市的工作和生活，渴望融入市民社会。一个群体社会融入度实现的高低，不仅与制度、政策等因素有关，也与该群体自身的文化素质和技能密切相连。目前政府提出的户籍制度改革，意味着在政策层面上为解决新生代农民工市民化问题加快了步伐；然而在现实社会中，新生代农民工市民化的推进的速度并不高。从制约新生代农民工的转移意愿及其在市民化之后所遭遇的生存状况视角来看，新生代农民工较低的就业技能是导致其市民化进程缓慢的深层次因素。因此，提升新生代农民工就业技能是推进其市民化的基础和内在动力，是避免他们在发生身份转变后成为城市边缘化阶层的重要载体，也是他们向城市中心阶层流动的重要物质支撑条件。当前新生代农民工的就业技能提升面临诸多困境。在当前加速城镇化、市民化进程中，政府如何明确其主导地位，完善政策体系，健全工作机制，破除现有阻碍新生代农民工就业技能提升的障碍，逐步使新生代农民工走出困境，推进市民化进程，已成为迫切需要解决的问题。

一、新生代农民工市民化进程中就业技能提升的重要性

随着工业化和城镇化进程的加快，新生代农民工就业技能的提升促进其自身人力资本的积累，有助于其自身获取更多就业机会，适应产业结构升级转型和企业竞争力提高，为他们在城市的发展奠定基础，而且就业技能提升有益于其自身获得更多的阶层流动的机会，推进其市民化进程。

(一)新生代农民工技能提升有助于获取更多就业机会

相比生存型的老一代农民工，已是发展型的新生代农民工，要"钱途"更要"前途"，越来越倾向在城市"体面就业"，渴望由"村民"向"市民"的转变。获得一份稳定的城市工作是新生代农民工市民化的第一步，这也是为实现他们的市民化奠定经济基础，然而新生代农民工文化素质和职业技能的低端化导致其很难在城市获得长期稳定的就业，限制这个群体的就业和生活。《2016年全国农民工监测调查报告》表明，虽然"80后"新生代农民工中，高中及以上文化程度比老一代农民工高19.2个百分点，但初中及以下文化程度仍然高达61.7%，而且缺乏必要的专

业培训。新生代农民工文化素质和就业技能低导致其市民化能力弱，呈现出"半市民化""二元市民化"。提升新生代农民工就业技能可以缩短进入城市的适应期，是协调新生代农民工市民化意愿与市民化能力的重要途径，为市民化提供内在动力和基础。

(二)新生代农民工就业技能提升有益于适应城市产业结构升级转型的需要

新生代农民工大多是放下书包进城务工，他们的教育程度与传统农民工相比，虽然有了很大提高，但仍局限在普及教育范围内，缺乏职业技能培训，就业竞争力较弱。根据全国总工会《关于新生代农民工问题的研究报告》显示，在农村劳动力中，接受过短期培训、初级职业技术教育的劳动者只占23.4%，接受过中等职业技术教育和高等教育的劳动者更是凤毛麟角，新生代农民工的综合素质滞后于国家产业结构调整和城市社会劳动力市场的需求，大多从事一些低端的、可替代性强的工作，这就阻碍了他们在城市的长期发展。在当前的经济转型期，"民工荒"逐步演变为"技工荒"，新生代农民工职业技能的提升，可以提高新生代农民工的就业能力，增加就业机会，有利于他们在城市的发展，也为促进我国产业结构升级提供有效的人力资本支撑。

(三)新生代农民工就业技能的提升有益于自身的阶层流动和社会融入

新生代农民工市民化的过程不仅是空间和地域的转换，也是与市民交往、融合的再社会化的过程。新生代农民工科学文化水平较低，再加上户籍归属原因，被排斥在体制外，不仅受到城市市民的心理歧视和利益排斥，而且较低的文化和技能水平影响其在城市的职业选择，更多地进入次属劳动力市场寻找工作机会，从事低薪资、不稳定的工作，成为最先面临市场冲击、面临失业的群体。同时，由于受经济地位的影响，新生代农民工在城市交流更多是老乡和熟人等群体，与城市社会的文化、政治系统衔接困难，向上流动受限，缺乏真正的认同感和归属感，长此以往，势必加剧其与城市市民之间的排斥、对立。因而，提升新生代农民工的科技素质和职业技能，有利于他们稳定就业和阶层流动，增强社会认同度和归属感，进一步融入城市生活，为新生代农民工与城市市民之间的和谐共处提供良好的基础。

二、新生代农民工市民化进程中的就业技能提升的困境分析

新生代农民工的就业技能高低，直接影响着他们在城市的就业稳定性、择业的竞争力和发展空间，影响着市民化进程。新生代农民工就业技能提升是其市民化的关键，但目前新生代农民工就业技能提升面临诸多困境。

(一)思想观念障碍

新生代农民工就业技能提升是整个国家人力资源开发的重要一环，但地方政府、用人单位和新生代农民工自身对就业技能提升的重要性认识不充分，存在思想观念障碍。由于长期的城乡分割和城乡分治，往往造成政策制定者和执行者存在轻视或歧视农民工问题。尽管目前中央不断强调公平对待，媒体也进行了大量宣传，一些地方政府牺牲农民工的利益来维护本城市的局部发展的政府管理思想依然存在，把新生代农民工置于"经济接纳、社会排斥"的边缘状态；不少企业未认识到员工培训所具

有的长效性，经营理念仍停留在大量使用廉价劳动力的旧思维模式上，以低成本劳动力为竞争力，在频现"技工荒"的现实背景下，重用轻养是我国企业用工较为普遍的现象；新生代农民工农村的成长环境限制了其思想的开拓性与前瞻性，使他们不能充分认识到文化素质提升对于实现职业向上流动和融入社会的重要意义，通过教育培训进行职业技能提升的积极性不强。因此，如果没有思想解放和观念更新，存在思想观念障碍就会阻碍新生代农民工素质的提高。

(二)城乡二元结构制约

在城乡二元结构的条件下，二元的社会结构已经渗透到包括劳动者就业、教育培训、保障等制度在内的与农民工实现市民化有关的各项制度安排中。教育资源的分配城乡不公，农村教育长期落后，导致新生代农民工进城前接受农村义务教育和职业教育的质量远远低于城市的教育质量。进城后由于身份的限制又被排除在输入地城镇居民培训之外，不能同城市人一样参与城市的社区活动，不能使用社区的文化场馆。同时由于各种就业政策与户籍制度捆绑在一起，新生代农民工不能获得与城市居民同等的就业机会，同城不同权，在工资收入、社会保障等方面，他们还遭遇同工不同酬的非平等市民待遇。城乡二元结构由于限制新生代农民工的权利而直接或间接地对其市民化造成制约，阻碍了就业技能的提升。目前随着全面改革的不断深入，制度的创新和调整，农民工市民化的制度障碍已经有所突破，但由于制度变革的相对滞后性和改革的渐进性，导致新生代农民工权益保障不足，制约新生代农民工就业技能的提升。

(三)保障机制不健全

新生代农民工离开学校进入城市后，职业培训是提升新生代农民工就业技能的重要途径，但各级地方政府及相关部门对新生代农民工培训工作的保障机制不健全，培训效果欠佳。第一，制度设计不完善。没有制度规范，也就没有质量保障。我国目前还没有专门针对新生代农民工职业教育的法律法规，由于缺乏制度保障，针对新生代农民工的教育培训的一些政策在执行过程中容易流于形式，落实不力。第二，培训管理协调机制不健全。新型职业农民培训是一项由教育部、劳动与社会保障部等多部门共同参与的工作，但由于缺乏统一领导，职能部门之间的沟通协调机制不健全，在实际开展中"多龙治水"，各自为政，带来培训对象重叠问题，造成培训资源浪费。第三，培训的监督和考核机制缺失。目前，我国现有的新生代农民工培训机构多数是以行政机制来推动运作的，缺乏市场竞争机制，在培训过程中，政府对培训机构缺乏有效的监督和考核机制，很难保证培训的有效性；用人单位必须建立职业培训制度是《劳动法》《就业促进法》等法律法规的明文规定，但现有的行业协会、工会组织在监管企业培训方面的制衡和支持不明显，管理监督机制缺失导致多数用人单位并没有真正履行。

(四)自身需求不旺

新生代农民工虽大多意识到专业技能匮乏对自身在城市发展的制约，但现实生活中，新生代农民工参与教育培训提升自身就业技能的积极性不高，需求不旺。原因是多方面的：第一，新生代农民工自身的经济地位和就业状况制约其参与教育培训。新生代农民工大多工资收入还是比较有限，微薄的收入在一定程度上制约了其教育培训方面的投资，加之他们工作流动性大，更换工作频繁，休息时间也不固定，客观上阻碍了其接受职业教育和培训。第二，教育培训成果的社会认可度低。从目前情况来看，作为培训成果体现的职业资格证书没有很好发挥联系培训和就业的中介作用。职业资格准入制度没有得到很好落实，企业对职业资格证书认可度较低，职业资格证书体现在工资或经济上的效用并不明显，导致新生代农民工参与培训的积极性不高。第三，教育培训实效性低。很多地区和部门的农民工教育培训工作大多采取自上而下下达任务的方式，由于对培训需求掌握不清，培训专业设置"大路货"，只是为了完成政治任务，或为了营利，致使培训流于形式。职业培训的层次偏低与新生代农民工稳定就业并实现市民化的目标有较大差距，对新生代农民工缺乏足够吸引力。

三、创新驱动新生代农民工市民化的路径选择

随着城镇化、市民化的推进，新生代农民工已成为产业工人重要组成部分，对他们的工就业技能提升的基点正在从弱势关怀转向强国关注。政府需要加大重视力度、提供制度支持和加强机制创新，促进新生代农民工更好地适应城市产业升级、技术进步的要求和融入城市社会。

(一)破除城乡二元结构障碍为新生代农民工就业技能提升创设前提

当前，新生代农民工在城市处于一种经济上的交换关系，在

身份和权利待遇上没有和城市市民同等待遇。亚当·斯密曾经指出,在市场经济中,政府应具有尽可能地保护每个社会成员,使其免受其他成员的不公正待遇的基本职责。政府要打破城乡二元结构,破除阻碍新生代农民职业技能提升的制度障碍,加强城市的户籍制度、就业制度等城市融合的改革与创新。首先,改革城市准入的户籍制度。逐渐剥离附加在城市户籍上的不合理功能,消除身份歧视,赋予新生代农民工在教育、就业等权益和福利方面同市民同等的公民权地位。其次,进行城市融合的就业制度创新。政府要实行城乡统一的就业政策,搭建城乡连接的就业服务网络,建立城乡统一的劳动力市场,积极完善包括就业准入、技能培训和就业服务为主要内容的公平竞争的就业制度。权益保障是农民工问题的核心,以户籍制度改革和城市融合的就业制度创新为核心,赋予新生代农民工市民化的权利资本,为新生代农民工就业技能提升创造条件。

(二)加强农村职业教育和补偿教育,为新生代农民工就业技能提升奠定基础

政府要以基础教育和职业教育为基础,补偿教育为内容,以成人教育为形式,为新生代农民工就业技能提升奠定基础。第一,重视农村基础教育和职业教育。加大各级财政对农村教育的转移支付力度,在奠定新生代农民工接受义务教育的基础上,重视推进适应经济社会发展的农村职业教育,使新生代农民工在就业之前具有较高的素质和技能。第二,强化流入地政府责任,加强补偿教育。流入地政府可以整合创新成人教育和职业教育的机制和成本资源,把新生代农民工补偿教育纳入流入地职教

体系,让新生代农民工通过半工半读的、灵活方便的形式通过补偿教育进入中高等学历教育体系，学习在城市发展所需的文化知识和公共知识,拓宽就业空间,以便更好地适应城市生活。第三，结合新生代农民工的具体实际，推动网络教育培训模式创新。为化解新生代农民工教育培训存在的流动性强问题,针对新生代农民工手机的持有率高、熟悉互联网的特点,通过网络新媒体对其进行培训成为必须和可能。政府要积极加强新生代农民工就业技能培训的网络信息平台建设,整合利用现有职业教育、成人教育远程教育机构的网络资源，使农民工工作转移到其他地方也可以异地继续学习,提升农民工就业竞争力。

(三)营造有利于培训的制度环境和服务环境,为新生代农民工就业技能提升提供保障

第一,加强新生代农民工职业教育培训的制度供给。政府要从国家战略的高度,立足于新生代农民工市民化的发展目标,制定专门针对新生代农民工职业教育培训的法律法规，通过立法明确培训的地位,规定相关主体的责任和义务,为新生代农民工职业技能提升提供坚实的法律基础。第二,制定激励政策,激发行业、教育培训机构和用人单位开展职业技能培训。政府通过提供税收优惠政策和贷款扶持政策,鼓励和支持行业、教育培训机构开展新生代农民工培训工作,对于培训效果好的,政府支付相应的培训费"购买"培训成果。通过优惠政策解读、激励措施制定等措施调动企业开展培训的积极性，对同新生代农民工签订一年以上劳动合同并委托定点培训机构培训的企业进行补贴。第三,健全机制,构建良好的服务环境。地方政府应设立新生代农

民工就业培训管理机构，把分散于不同部门和团体管理的培训实现归口管理，对资金投入、资源配置、条件保障进行统筹管理，解决困扰多年的"九龙治水"问题；政府要完善职业培训动态监控机制和绩效评价机制，要加大监管力度，严格考核培训机构的办学资质，严把新生代农民工的职业技能鉴定关，确保教育培训的实效性。

(四)制定优惠政策和激励政策，激发新生代农民工就业技能提升的需求

政府可通过制度创新和政策激励，激发新生代农民工参与教育培训的积极性，为促进新生代农民工市民化和城市产业结构的调整奠定良好的人力资本。第一，发放教育培训券，激发新生代农民工接受培训的积极性。政府可以将用于培训的公共经费以教育培训券的形式直接发给培训者本人，同时鉴于新生代农民工的流动性，国家应该跨省联合各地的资源，使培训券的使用更灵活有效。第二，健全并继续推进职业资格证书制度，搭建技能培训获得晋升的职业上升通道。根据有关资料显示，职业技能标准化程度越完善，培训者获得的职业证书标记的含金量就越高，就业与培训资格获得的联系就越紧密。加快国家职业技能标准的开发与更新，加强对技能鉴定的监督和管理，提升用人单位对职业资格证书的认可度。新生代农民工通过培训获取相应的技术等级证书，将培训与晋升、劳动力价格相衔接，使有技术的新生代农民工进入专业技术阶层的队伍，可以大大激发他们学习技术的积极性。第三，培训、市场、就业一体化，提高职业培训成果转化率。改变现行的按指标下达培训任务的状况，建立新

生代农民工培训需求和供给动态监测机制,立足于市场需求,以就业为导向,采取"校企联合""校乡联合"等有效形式,实施"订单式"培训,增强新生代农民工培训的针对性和实效性,提高农民工职业培训成果转化率。

附 录

山东省新型职业农民培育情况调查问卷

您好！由于我们正在进行山东新型职业农民培育课题研究，需向您了解一些关于您家庭与生产经营等方面的情况，对于您的参与和帮助表示由衷的谢意。

1.您的年龄：

A.30 岁以下　B.30~40 岁　C.40~50 岁　D.50~60 岁

2.您的性别：

A.男　　B.女

3.您的文化程度：

A.大专或大专以上　B.高中或中专

C.初中　D.小学　E.不识字（文盲）

4.您的农业背景情况如何？

A.复转军人　B.大学毕业创业

C.长期务农　D.在职村干部

5.您目前主要所从事的工作领域：

A.种植业　B.养殖业　C.农产品加工业

D.服务业　E.零售业　F.其他

6.您的子女是否喜欢在家务农？（没有子女的可以不答）

A.是　　B.否

7.您希望政府在您的生产经营上提供哪方面的帮助？（可多选）

A.技术　B.贷款　C.土地　D.信息　E.种子　F.其他

8.您在目前农业生产经营过程中,遇到哪些困难？（可多选,不超过五项）

A.经营规模小　B.化肥等成本太高

C.技术落后　D.种子质量低　E.管理技能差

F.抗风险能力小　G.资金不足　H.缺乏销路

I.土地分散　J.其他

9.您主要通过什么渠道来了解农业技术和信息技术？（可多选）

A.农业技术人员　B.电视、网络　C.邻里亲朋

D.以往经验　C.农民合作社　E.其他

10.您是否参加了农业经济合作组织？

A. 是　　　B.否

11.您销售农产品市场信息的主要来源:（可多选）

A.农技推广部门　B.亲戚或邻居　C.农贸市场

D.上门收购人员　E.电视、广播和报纸

F.依靠村里组织和干部　G.农业生产相关网站

附录

山东省新型职业农民培育情况调查问卷

12. 您会愿意使用科技人员推荐的有很好市场前景的农业新技术或新品种吗?

A.愿意马上尝试　B.等别人成功了再尝试

C.村里人用的人多的话就尝试

D.不愿意尝试或说不清楚

13.您之前是否参加过培训(包括职业培训、学历教育等)?

A.有(继续答 14~15)　B.没有(继续答 16)

14.您认为参加培训的主要的目的是什么?(可多选)

A.提高农业收益,增加收入　B.提高技能

C.获取政策扶持　D.获得学历/证书

E.获得政府补贴　F.其他

15.你参加培训的组织部门或机构是?

A.政府机构(包括农广校)　B.社会培训机构

C.龙头企业　D.合作社

16.您没能参加培训的原因是?(参加培训的可不填,不超过四项)

A.培训内容不合适　B. 没时间　C.不知道有培训信息

D.想参加,但据说没名额　E.培训地点太远　F.其他

参 考 文 献

[1]刘忱.乡村振兴战略与乡村文化复兴[J].中国领导科学,2018(02):92-93.

[2]王艳,淳悦峻.城镇化进程中农村优秀传统文化保护与开发问题刍议[J].山东社会科学,2014(06):103-104.

[3]耿爱英,孙庆霞,李传实.论现代科技推进文化发展繁荣的路径[J].自然辩证法研究,2014(06):122.

[4]杨明,李斯霞.信息技术对传统文化的消解与调适[J].理论探讨,2005(05):167.

[5]刘用.现代信息技术在民间文化保护中的作用探索[J].中华文化论坛,2013(09):139-140.

[6]李昕.科技创新与非物质文化遗产传承 [J].东岳论丛,2012(08):25.

[7]王佳靖.为乡村振兴注入文化动能[J].人民论坛,2018(15):141.

[8]张梦洁,黎昕.美丽乡村建设中的文化保护与传承路

径探究[J].内蒙古农业大学学报(社会科学版),2015
(06):12–14.

[9]乌云高娃.论科技创新与民族传统文化的发展[J].科学
管理研究,2012(03):22–23.

[10]西奥多·舒尔茨.改造传统农业:11版[M].北京:商务
印书馆,2010.

[11]郭智奇,齐国,杨慧.培育新型职业农民问题的研究[J].
中国职业技术教育, 2012(05):7–13.

[12]山东统计局.2014山东统计年鉴[M].北京:中国统计
出版社,2015.

[13]杨长福,张黎. 我国农业人口老龄化对现代农业的影
响及对策[J].农业现代化研究,2013(09):522–526.

[14]胡静,闫志利. 中外新型职业农民资格认定标准比较
研究[J].职教论坛,2014(04):57–62.

[15]张亮,周瑾,赵帮宏,等.国外职业农民培育比较分析
及经验借鉴[J].高等农业教育,2015(06):122–127.

[16]李伟.新型职业农民培育问题研究[D].西南财经大学
博士论文,2014.

[17]叶俊焘,米松华.新型职业农民培育的理论阐释、他
国经验与创新路径——基于农民现代化视角[J].江西
社会科学, 2014(04):199–204.

[18]张广花.多维视角下的新型职业农民发展[J].职教论
坛,2015(04):29–32.

[19]张洪霞,吴宝华.新型职业农民培育问题及机制建

构——以天津市三个新型职业农民试点区县为例[J].职教论坛,2015(06):26-31.

[20]吴易雄.新型职业农民培养机制体制建设的研究[J].中国职业技术教育,2014(36):47-51.

[21]李菊英.制度供给与新型职业农民的培育[J].农村经济与科技,2014(10):178-179.

[22]沈红梅、霍有光、张国献.新型职业农民培育机制研究——基于农业现代化视阈[J].现代经济探讨,2014(01):65-69.

[23]单武雄.我国新型职业农民培育问题研究——基于湖南省石门县500份调查问卷的分析[J].职业技术教育,2014(06):71 74.

[24]吴易雄.城镇化进程中新型职业农民培养的困境与突破——基于湖南株洲、湘乡、平江三县市的调查[J].职业技术教育,2014(10):70-75.

[25]闫志利,蔡云凤.新型职业农民培育:历史演进与当代创新[J].职教论坛,2014(07):59-64.

[26]夏益国,宫春生.粮食安全视域下农业适度规模经营与新型职业农民——耦合机制、国际经验与启示[J].农业经济问题,2015(05):56-64.

[27]吕莉敏,徐春梅.国外政府在农民培训中的作用及其对我国的启示[J].职教论坛,2014(06):61-64.

[28]孙科,郭明顺.四化同步视域中职业农民培养研究[J].高等农业教育,2013(10):112-115.

[29]魏学文,刘文烈.新型职业农民:内涵、特征与培育机制[J].农业经济,2013(07):73-75.

[30]张胜军,黄晓赟,吕莉敏.新型职业农民培育的公益性及其实现策略[J].职教论坛,2014(07):65-68.

[31]郝志瑞.基于国际经验的新型职业农民培育创新路径研究[J].世界农业,2015(12):232-236.

[32]罗江华.现代信息技术支持下羌族文化遗产的保护与传承[J].中南民族大学学报(人文社会科学版),2012(05):60-64.

[33]李俏,李辉.新型职业农民培育:理念、机制与路径[J].理论导刊,2013(09):82-84.

[34]王景新.中国农村发展新阶段:村域城镇化[J].中国农村经济,2015(10):12-14.

[35]许婵,吕斌,文天祥.基于电子商务的县域就地城镇化与农村发展新模式研究[J].国际城市规划,2015(01):16-21.

[36]郑瀚,杨建州.农村综合信息服务促进村域转型发展作用研究[J].东南学术,2014(02):133.

[37]毕亮亮.科技进步示范县(市)提升县域创新能力的建设经验与启示[J].中国科技论坛,2011(10):135.

[38]丁明磊,陈宝明,吴家喜.科技创新支撑引领新型城镇化的思路与对策研究 [J]. 科学管理研究,2013(04):21.

[39]杨云善.农民工市民化能力不足及其提升对策[J].河南社会科学,2012(05):58-59.

[40]孟宪生,关凤利.市民化视角下统筹推进新生代农民工就业转型研究[J].管理现代化,2011(06):44-46.

[41]田千山.社会阶层良性流动的政策选择——以新生代农民工市民化为例[J].当代青年研究,2012(01):23-27.

[42]夏静雷,张娟.新生代农民工教育培训权益保障制度研究[J].职教论坛,2014(04):29-32.

[43]高山艳.新生代农民工职业培训的困境及制度障碍分析——基于河南省四市的调查[J].职业技术教育,2013(28):72-77.

[44]亚当·斯密.国富论[M].北京:华夏出版社,2005.

[45]莫琳.T.哈里楠.教育社会学手册[M].傅松涛,等,译.上海:华东师范大学出版,2004:584.

[46]程淑佳,靳国庆.长、吉两市产业协调发展的制度因素分析[J].东疆学刊,2014(03):100-105.

[47]刘梅,易法海,刘明培.我国生态农业发展的技术支撑体系研究[J],农业技术经济,2002(01):23-26.

[48]张燕.我国生态农业技术推广体系的构建[J]农村经济,2011(02):100-103.

[49]中华人民共和国农业部.2004年中国农业发展报告[R].北京:中国农业出版社,2004.

[50]张云华.发展绿色农业技术面临的难题与出路[J].生态农业,2004(S1):216-218.

[51]乔桂银.生态农业发展的制约因素与对策建议[J].中央社会主义学院学报,2009(06):95-99.

参考文献

[52]陈涛.生态技术的社会适应性[J].广西民族大学学报
（哲学社会科学版），2011（05）：50-53.

[53]朱文玉.我国生态农业政策和法律的缺陷及其完善[J].
学术交流，2008（12）：96-99.

[54]王伟光.建设社会主义新农村的理论与实践[M].北
京：中共中央党校出版社，2006.

[55]曾正德.生态文明新思维[M].北京：科学技术文献出
版社，2006.

[56]诸大建.生态文明与绿色发展[M].上海：上海人民
出版社，2008.

[57]蔡秀珍，朱启臻.论职业农民培养的意义及途径[J].教
育与职业，2011（27）：160-161.

[58]张海燕，王忠云.基于技术进步的民族文化旅游创意
产业发展研究[J].贵州民族研究，2010（06）：89-90.

[59]荣兆梓，吴春梅.中国三农问题——历史·现状·未
来[M].北京：社会科学出版社，2005：122.

[60]王绍芳，朱阿丽，白云.习近平创新驱动"三农"发展
战略思想及其时代价值[J].重庆邮电大学学报（社会科
学版），2017（05）：16-20.

[61]谭智心，孔祥智.创新驱动条件下农民增收的政策选
择[J].改革，2015（09）：21.

[62]裴小革.论创新驱动——马克思主义政治经济学的
分析视角[J].经济研究，2016（06）：17-22.

[63]刘湘溶.生态伦理学的价值观[J].湖南师范大学社会
科学学报，2004（05）：22-25.

[64]利奥波特.沙乡年鉴[M].朱敏,译.上海:上海科学普及出版社,2014.

[65]梁启超.先秦政治思想史[M].天津:天津古籍出版社,2004.

[66]王绍芳.农村生态文明建设的科技需求及对策[J].科技管理研究,2010(21):34-36.

[67]王绍芳,王环,温立武.生态农业发展的科技支持困境及对策研究[J].科技管理研究,2014(12):33-36.

[68]王绍芳.农户在农业结构调整中的困境与政府作用分析[J].特区经济,2010(11):189-191.

[69]刘祖云,王丹."乡村振兴"战略落地的技术支持[J].南京农业大学学报(社会科学版),2018(04):8-16.

[70]唐兴军,李定国.文化嵌入:新时代乡风文明建设的价值取向与现实路径[J].求实,2019(02):86-96.

[71]刘海洋.乡村产业振兴路径:优化升级与三产融合[J].经济纵横,2018(11):111-116.

[72]刘志博,严耕,李飞,等.乡村生态振兴的制约因素与对策分析[J].环境保护,2018(24):48-50.

[73]李国江.乡村文化当前态势、存在问题及振兴对策[J].东北农业大学学报(社会科学版),2019(01):1-7.

[74]刘彦武.乡村文化振兴的顶层设计:政策演变及展望——基于"中央一号文件"的研究[J].科学社会主义,2018(03):123-128.

[75]鞠昌华,张慧.乡村振兴背景下的农村生态环境治理模式[J].环境保护,2019(02):23-27.

[76]张宪省,王彪,韩力,等.乡村振兴的人才挖掘与培育
策略[J].中国农业教育,2019(01):6-12.

[77]刘爱玲,薛二勇.乡村振兴视域下涉农人才培养的体
制机制分析[J].教育理论与实践,2018(33):3-5.

[78]吕宾.乡村振兴视域下乡村文化重塑的必要性、困境
与路径[J].求实,2019(02):97-108.

[79]张燕,卢东宁.乡村振兴视域下新型职业农民培育方向
与路径研究[J].农业现代化研究,2018(04):584-590.

[80]高帆.乡村振兴战略中的产业兴旺:提出逻辑与政策
选择[J].南京社会科学,2019(02):9-18.

[81]李赫然.乡村振兴中的生态文明智慧[J].人民论坛,
2018(26):70-71.

[82]陈健.新时代乡村振兴战略视域下现代化乡村治理
新体系研究[J].宁夏社会科学,2018(06):12-16.

[83]李国祥.新型农业经营主体是推动乡村产业振兴新
生力量[J].农经,2018(12):14-17.

[84]姜长云.准确把握乡村振兴战略的内涵要义和规划
精髓[J].东岳论丛,2018(10):25-33.

[85]马晓河.构建优先发展机制推进农业农村全面现代
化[J].经济纵横,2019(02):1-7.

[86]魏后凯.深刻把握农业农村现代化的科学内涵[J].农
村工作通讯,2019(02):1.

[87]陈锡文.实施乡村振兴战略,推进农业农村现代化[J].
中国农业大学学报(社会科学版),2018(01):5-12.

[88]陆益龙.乡村振兴中的农业农村现代化问题[J].中国农业大学学报(社会科学版),2018(03):48-56.

[89]姜长云.准确把握乡村振兴战略的内涵要义和规划精髓[J].东岳论丛,2018(10):25-33.

[90]杜运伟,景杰.乡村振兴战略下农户绿色生产态度与行为研究 [J]. 云南民族大学学报（哲学社会科学版）,2019（01）:95-103.

[91]赵普兵.协商治理:农村自治转型之路[J].华南农业大学学报(社会科学版),2019(02):122-129.

[92]刘卫柏,徐吟川.小农户有机衔接现代农业发展研究[J].理论探索,2019(02):86-91.

[93]孔祥智.实施乡村振兴战略的进展、问题与趋势[J].中国特色社会主义研究,2019(01):5-11.